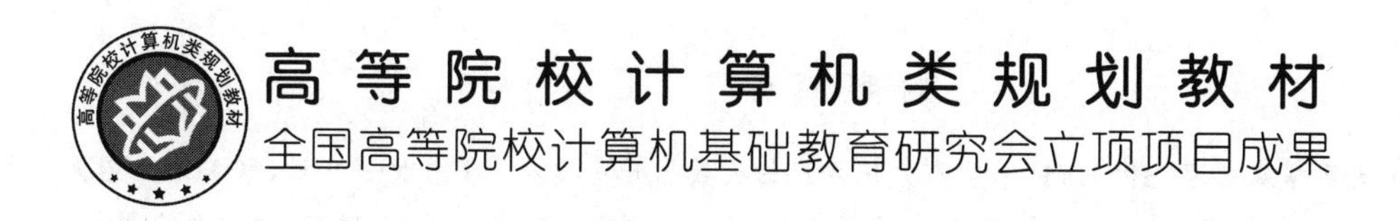

大数据处理技术应用与实践

主　编　刘　芳　王晓光
副主编　贺娜娜　李海涵

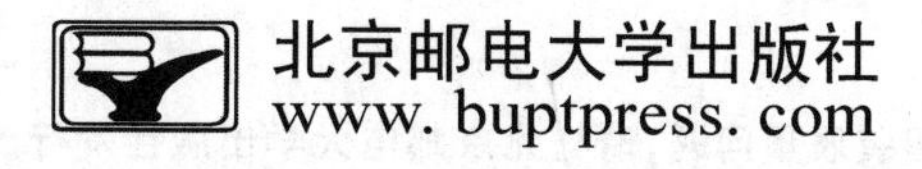

内 容 简 介

本书介绍了大数据基础理论和Hadoop生态系统主流的大数据开发技术。全书共分9章，第1章介绍大数据的发展历程、概念和特点、关键技术和应用；第2章介绍Hadoop的起源、发展历程、特性、版本及应用；第3章介绍HDFS的概念、原理和应用；第4章介绍HBase的概念、原理和应用；第5章介绍Hive的概念、原理、架构和应用；第6章介绍分布式计算模型MapReduce的概念、工作流程和应用；第7章介绍Spark基本内容、Spark的生态系统及运行架构和Spark安装部署及编程实践；第8章介绍数据可视化的相关知识、数据可视化工具和应用；第9章介绍爬虫及词频统计的代码实现。

本书适合大中专院校相关专业的学生以及大数据新手入门使用。

图书在版编目（CIP）数据

大数据处理技术应用与实践 / 刘芳，王晓光主编．-- 北京 ：北京邮电大学出版社，2023.1

ISBN 978-7-5635-6823-9

Ⅰ．①大… Ⅱ．①刘… ②王… Ⅲ．①数据处理软件 Ⅳ．①TP274

中国版本图书馆CIP数据核字(2022)第237118号

策划编辑：马晓仟　**责任编辑**：廖　娟　**责任校对**：张会良　**封面设计**：七星博纳

出版发行：北京邮电大学出版社

社　　址：北京市海淀区西土城路10号

邮政编码：100876

发 行 部：电话：010-62282185　传真：010-62283578

E-mail：publish@bupt. edu. cn

经　　销：各地新华书店

印　　刷：唐山玺诚印务有限公司

开　　本：787 mm×1 092 mm　1/16

印　　张：11

字　　数：286千字

版　　次：2023年1月第1版

印　　次：2023年1月第1次印刷

ISBN 978-7-5635-6823-9　　定价：32.00元

前　　言

目前，本科院校大数据专业学生的主要实践性教学环节包括大数据项目实践、大数据应用技术竞赛实训、顶岗实习等。实践性教学环节是课堂教学的深化、扩展和提高，它与数据采集、数据分析等专业核心课程紧密联系，其有助于在完成课堂教学计划以后，巩固所学知识，提高学生的综合实践能力和独立分析解决问题的能力。对学生今后走向社会、从事相关工作和提高自身竞争力有很大帮助。

因此，学校应该更加重视课程实践环节，积极拓宽实习渠道，尽可能地争取更多的实习资源，以培养应用型大数据人才为目标。

本书较全面地体现了面向实践的教学需求，结构完整、合理，案例丰富，既适应了大数据技术的快速发展，又兼顾了对大数据基础理论的描述。全书共分 9 章，第 1 章介绍大数据的发展历程、概念和特点、关键技术和应用；第 2 章介绍 Hadoop 的起源、发展历程、特性、版本及应用；第 3 章介绍 HDFS 的概念、原理和应用；第 4 章介绍 HBase 的概念、原理和应用；第 5 章介绍 Hive 的概念、原理、架构和应用；第 6 章介绍分布式计算模型 MapReduce 的概念、工作流程和应用；第 7 章介绍 Spark 基本内容、Spark 的生态系统及运行架构和 Spark 安装部署及编程实践；第 8 章介绍数据可视化的相关知识、数据可视化工具和应用；第 9 章介绍爬虫及词频统计的代码实现。

本书在编写过程中得到了全国高等院校计算机基础教育研究会、北京邮电大学出版社以及北京邮电大学世纪学院计算机科学与工程系的领导和老师的大力支持，在此表示衷心的感谢。由于编者时间和精力有限，书中难免存在疏漏与错误，恳请广大读者批评、指正。

编　者

目　　录

第1章　大数据概述

导言

大数据已经成为继物联网和云计算之后的信息技术中最受关注的热点领域之一，大数据政策在逐步完善，大数据技术也在开源环境下不断提升。随着“互联网＋”的不断深入推进，5G技术的发展，以及数字技术的不断成熟，大数据的应用和服务将持续深化。大数据产业发展受市场需求和相关技术进步成为大数据产业持续高速增长的最主要动力，成为引领信息技术产业发展的核心引擎和推动社会进步的重要力量。

本章将介绍大数据的发展历程、概念和特点、关键技术和应用，以及大数据与云计算、物联网之间的关系与区别，最后介绍大数据的十大发展趋势。

本章学习目标

➢ 知识目标

- 掌握大数据的概念
- 理解并掌握大数据的特点
- 了解大数据的发展历程
- 了解大数据的关键技术
- 了解大数据的应用
- 了解大数据与云计算、物联网的关系与区别
- 了解大数据的发展趋势

1.1　大数据发展历程

布拉德·皮特主演的《点球成金》是一部美国奥斯卡获奖影片，讲述的是皮特扮演的棒球队总经理利用计算机数据分析，对球队进行了翻天覆地的改造，让一家不起眼的小球队取得了巨大的成功。数据不再是社会生产的“副产物”，而是可被二次甚至多次加工的原料，从中可以获取更大价值，它变成了生产资料。

大数据是需要新处理模式才能具有更强的决策力、洞察发现力和流程优化能力的海量、高增长率和多样化的信息资产。大数据就是“未来的新石油”。

大数据不是凭空产生的，它的发展历程大致可以分为以下四个阶段。

（1）萌芽时期（20世纪90年代至21世纪初）

“大数据”概念最初起源于美国。早在1980年，著名未来学家阿尔文·托夫勒在其所著的《第三次浪潮》中将“大数据”称颂为“第三次浪潮的华彩乐章”。20世纪90年代，复杂性科学的兴起，不仅给我们提供了复杂性、整体性的思维方式和科学研究方法，还给我们带来了有机

的自然观。1997年，NASA阿姆斯科研中心的大卫·埃尔斯沃斯和迈克尔·考克斯在研究数据的可视化问题时，首次使用了“大数据”概念。当时，他们就坚信信息技术的飞速发展，一定会带来数据冗杂的问题，数据处理技术必定会进一步发展。1998年，一篇名为《大数据科学的可视化》的文章在美国《自然》杂志上发表，“大数据”正式作为一个专有名词出现在公共刊物之中。

这一阶段可以被看作是大数据发展的萌芽时期，大数据还只是作为一种构想或假设被极少数的学者进行研究和讨论，其含义也仅限于数据量的巨大。随着数据挖掘理论和数据库技术的逐步成熟，一批商业智能工具和知识管理技术开始被应用，如数据仓库、专家系统、知识管理系统等。

(2) 发展时期(21世纪初至2010年)

21世纪的前10年，互联网行业迎来了飞速发展的时期，IT技术也不断地推陈出新，大数据最先在互联网行业得到重视。2001年，麦塔集团(META Group)(后被Gartner收购)分析师道格·莱尼提出数据增长的挑战和机遇有三个方向：量(Volume，指数据量大小)、速(Velocity，指数据输入、输出的速度)、类(Variety，指数据多样性)，合称“3V”。在此基础上，麦肯锡公司增加了价值密度(Value)，构成“4V”特征。

2005年，大数据实现重大突破，Hadoop技术诞生，并成为数据分析的主要技术。2007年，数据密集型科学的出现，不仅为科学界提供了全新的研究范式，还为大数据的发展提供了科学上的基础。2008年，美国《自然》杂志推出了一系列有关大数据的专刊，详细讨论了有关大数据的一系列问题，大数据开始引起人们的关注。2010年，美国信息技术顾问委员会(PITAC)发布了一篇名为《规划数字化未来》的报告，详细叙述了政府工作中对大数据的收集和使用，美国政府已经高度关注大数据的发展。

这一阶段被看作是大数据的发展时期，大数据作为一个新兴名词开始被理论界所关注，其概念和特点得到进一步丰富，相关的数据处理技术相继出现，如谷歌的GFS和MapReduce和Hadoop等，大数据开始展现活力。

(3) 兴盛时期(2011年至2016年)

2011年，IBM公司研制出了沃森超级计算机，以每秒扫描并分析4 TB的数据量打破世界纪录，大数据计算迈向了一个新的高度。紧接着，麦肯锡发布了题为《海量数据，创新、竞争和提高生成率的下一个新领域》的研究报告，详细介绍了大数据在各个领域的应用情况，以及大数据的技术架构，提醒各国政府应尽快制定相应的战略应对大数据时代的到来。2012年1月，世界经济论坛在瑞士达沃斯召开，会上讨论了大数据相关的系列问题，发布了名为《大数据，大影响》的报告，正式向全球宣布大数据时代的到来。

这一阶段被看作是大数据的兴盛时期，大数据相关理论逐渐丰富，大数据技术也被应用到各行各业中，信息社会智能化程度大幅提高。

(4) 成熟时期(2017年至今)

2017年至今，与大数据相关的政策、法规、技术、教育、应用等发展因素开始走向成熟，计算机视觉、语音识别、自然语言理解等技术的成熟消除了数据采集障碍，政府和行业推动的数据标准化进程逐渐展开，减少了跨数据库数据处理的阻碍，以数据共享、数据联动、数据分析为基本形式的数字经济和数据产业蓬勃兴起，市场上逐渐形成了涵盖数据采集、数据分析、数据集成、数据应用的完整成熟的大数据产业链。

大数据的整个发展历程如图1-1所示。

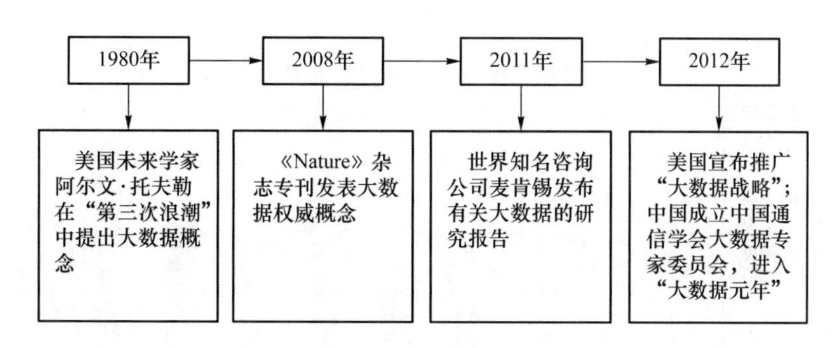

图 1-1　大数据发展历程

1.2　大数据简介

随着互联网的发展和信息技术的不断进步，“大数据”与“云计算”“物联网”等成为 IT 领域热门词汇。“大数据”不仅指数据本身，而且是数据和大数据技术的总称。

1.2.1　大数据概念

根据百度百科，大数据(Big Data)是指无法在一定时间范围内用常规软件工具进行捕捉、管理和处理的数据集合，是需要新处理模式才能具有更强的决策力、洞察发现力和流程优化能力的海量、高增长率和多样化的信息资产。

“大数据”这个词的概念也可以拆分为“大”和“数据”两个词来理解。首先，“数据”包括结构化数据、非结构化数据和半结构化数据三种类型。结构化数据表示具有统一结构，可以使用关系型数据库表示和存储的数据，如学生成绩表。非结构化数据表示没有固定结构的数据，例如微信语音、抖音小视频、照片等。这类数据一般都是整体进行存储，而且存储的格式为二进制。半结构化数据并不符合关系型数据库或其他数据表的形式关联起来的数据模型结构，但是包含相关标记，用来分割语义元素以及对记录和字段进行分层。这种数据结构介于结构化数据与非结构化数据之间，例如 XML 文档、HTML 文档。“大”从字面上看表示数据量大，这得益于计算机硬件、移动互联网和物联网的发展。

对于大数据概念的理解，可以总结为“4V＋1O＋1C”：数据量大(Volume)、数据多样化(Variety)、数据处理速度快(Velocity)、价值密度低(Value)、数据是在线的(Online)、复杂(Complexity)。

(1) 数据量大

人类进入信息社会以后，数据增长迅速。从 1986 年到 2010 年的 20 多年时间里，全球数据量增长了 100 倍，今后的数据增长速度将会更快，因为我们正生活在一个“数据爆炸”的时代。2016 年全球数据总量及变化趋势如图 1-2 所示。

随着互联网、移动互联网和物联网的发展，联网设备已经从台式机转变为台式计算机、笔记本计算机、平板计算机和各种移动终端设备。据国际知名数据公司 IDC 提供的数据，全球数据量大约每两年翻番，这被称为“大数据摩尔定律”。这意味着，人类近两年产生的数据量相当于之前产生的数据总和。

一般情况下，大数据是以 PB、EB、ZB 为单位进行计量的。如图 1-3 所示。

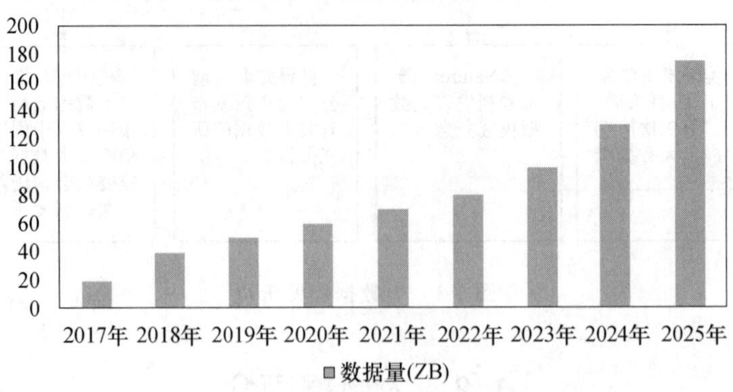

图 1-2　2016 年全球数据量变化

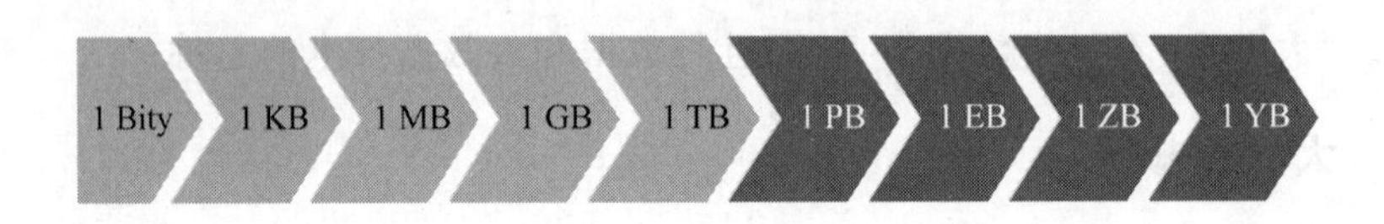

图 1-3　数据度量

（2）数据多样化

大数据的数据来源众多，且数据类型丰富，科学研究、企业应用和 Web 应用等都在源源不断地生成新的数据，如图 1-4 所示。随着互联网技术的发展和人们需求的日益增长，交通大数据、生物大数据、医疗大数据、电信大数据、电力大数据及金融大数据等都在“瀑布式”增长。大数据的数据类型包括结构化数据、半结构化数据和非结构化数据。其中，结构化数据约占 10%。据 IDC 的调查报告显示，企业中 80% 的数据都是非结构化数据，这些数据每年都按指数增长 60%。

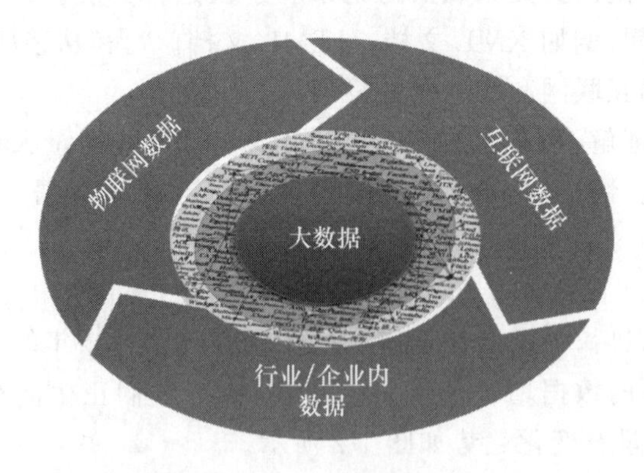

图 1-4　大数据的数据来源分类

面对种类繁多的异构数据，数据处理及分析技术将迎来新的挑战，同样也是机遇。传统数据主要存储在关系型数据库中，而在大数据时代，越来越多的数据需要被存储在非关系型数据库中。

(3) 数据处理速度快

随着计算机硬件技术(包括存储设备容量的不断增加、CPU 处理速度的不断提升)和网络带宽的不断增加(例如第 5 代移动通信技术 5G),各类应用产生数据的速度越来越快。例如,新浪 1 分钟之内可以产生 2 万条微博,淘宝 1 分钟之内可以卖出 6 万件商品,百度 1 分钟之内可以产生 90 万次的搜索查询,而抖音日均视频播放量可以过亿等,如图 1-5 所示。

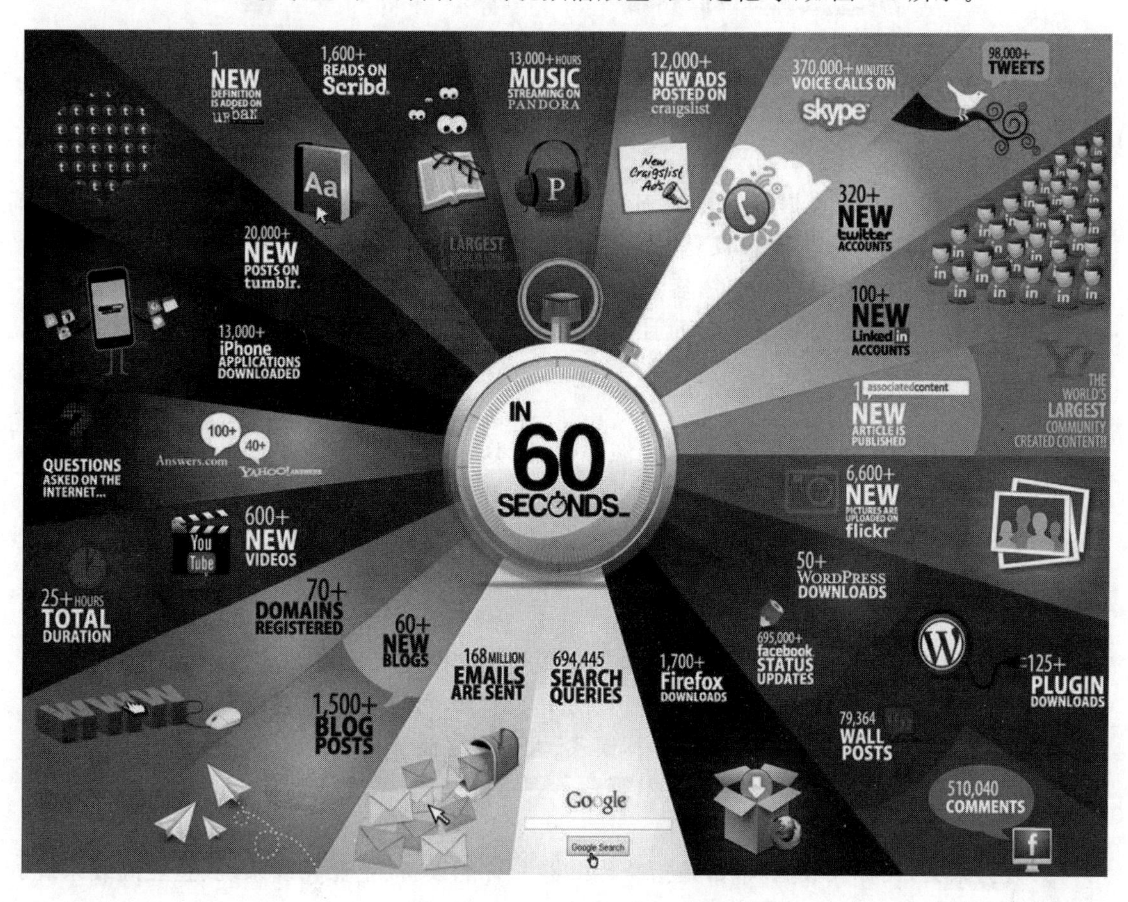

图 1-5　1 分钟内产生的数据

大数据时代的很多应用需要根据采集到的数据进行实时分析,用于指导生产和生活实践。因此,在社会和人们需求的刺激下,面对数据的产生速度之快,数据处理和分析的速度通常需要达到秒级响应。

(4) 价值密度低

通常,有价值的信息是分散在海量数据中的,需要采用数据处理和分析技术进行挖掘。一般来说,能提供有价值的数据量很小,所以大数据时代的数据价值密度低。例如,各个小区的公共场合都装有监控摄像头,它们实时采集数据并传回服务器,这些数据一般情况下是没有任何价值的,但当小区内发生交通事故、东西失窃等意外情况时,就需要调取相关事件的监控视频。此时,也只有与事件相关的这一段视频是有价值的。但为了能获得发生意外时的那一段视频,政府部门不得不投入大量资金购买监控设备、存储设备、网络设备等,来保存摄像头采集到的连续不断的视频数据。视频数据的大数据处理如图 1-6 所示。

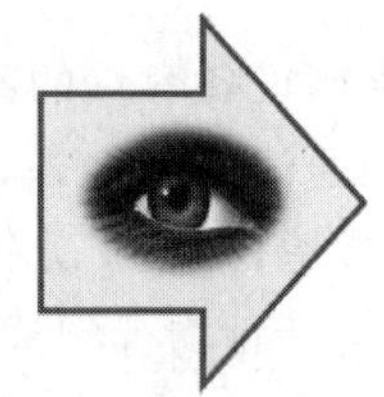
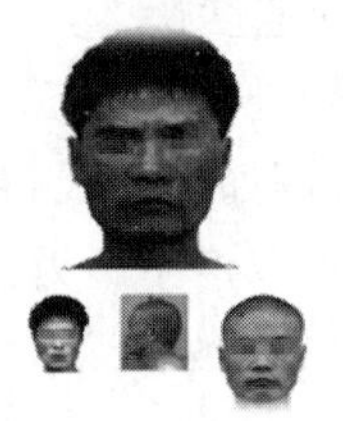

从视频中发现犯罪嫌疑人

图 1-6　视频数据的大数据处理

(5) 数据是在线的

大数据区别于传统数据最大的特征是:数据是永远在线的,是随时能调用和计算的。现在,我们所谈到的大数据不仅仅是“大”,更重要的是“数据在线”,这是互联网高速发展背景下的特点。例如,对于打车软件,客户的数据和网约车司机数据都是实时在线的,这样的数据才有意义。如果是放在磁盘中而且是离线的数据,其商业价值远远不如在线数据的商业价值大。

(6) 复杂

大数据时代产生的数据量大、数据来源多、数据类型多样,与传统的结构化数据相比,这些异构数据的结构复杂、分析和处理难度大。因此,要实现对海量异构数据的实时分析,需要新兴的大数据处理和分析技术的支持。

1.2.2　大数据关键技术

大数据技术是一系列使用非传统工具来对海量的数据进行处理,最终得到用户所需结果的数据处理技术的总称。从数据分析全流程的角度来看,可以将大数据关键技术分为大数据采集技术、大数据预处理技术、大数据计算模式、大数据存储及管理技术、大数据分析及挖掘技术、大数据可视化技术和大数据安全技术等。

1. 大数据采集技术

大数据采集,又称大数据获取,是指从传感器和智能设备、企业在线系统、企业离线系统、社交网络和互联网平台等获取数据的过程。

在大数据环境下,数据源多种多样,数据类型丰富,数据量大,产生速度快,传统的数据采集方法无法完全胜任。

根据不同的数据源,大数据采集方法分为以下四大类。

(1) 数据库采集方法

传统数据存储会使用传统的关系型数据库 MySQL 和 Oracle 等,但随着大数据时代的到来,Redis、MongoDB 和 HBase 等数据库也常用于进行数据的采集。通过在采集端部署大量数据库,并在这些数据库之间进行负载均衡和分片,来完成海量数据的采集工作。

(2) 系统日志采集方法

系统日志是记录系统中硬件、软件和系统问题的信息,同时还可以监视系统中发生的事件。用户可以通过它来检查错误发生的原因,或者寻找受到攻击时攻击者留下的痕迹。

系统日志采集主要是收集业务平台日常产生的大量日志数据,供离线和在线的大数据分析系统使用。高可用性、高可靠性和可扩展性是日志收集系统所具备的基本特征。系统日志采集工具均采用分布式架构,能够满足每秒数百兆字节的日志数据采集和传输需求。

(3) 网络数据采集

网络数据采集是指通过网络爬虫或网站公开应用程序接口(Application Programming Interface,API)等方式从网站上获取数据信息的过程。

该方法可以将非结构化数据、半结构化数据从网页中提取出来,然后将其存储在本地的存储系统中。它支持图片、音频、视频等文件或附件的采集,附件与正文可以自动关联。除了网络中包含的内容之外,还可以使用基于深度包检测(Deep Packet Inspection,DPI)或深度/动态流检测(Deep/Dynamic Flow Inspection,DFI)等技术的带宽管理系统进行网络流量的采集。

(4) 感知设备数据采集

感知设备数据采集是指通过传感器、摄像头和其他智能终端自动采集信号、图片或录像来获取数据。大数据智能感知系统需要实现对结构化、半结构化、非结构化的海量数据的智能化识别、定位、跟踪、接入、传输、信号转换、监控、初步处理和管理等。其关键技术包括针对大数据源的智能识别、感知、适配、传输和接入等。

另外,除了以上四种数据采集方法外,对于企业生产经营数据或学科研究数据等保密性要求较高的数据,还可以通过与企业或研究机构合作,使用特定系统接口等相关方式采集数据。

2. 大数据预处理技术

现实中,数据大体上都是不完整的,对于不一致或含噪声的脏数据,我们无法直接对其进行数据挖掘,或者挖掘结果差强人意。为了提高数据挖掘质量而产生了数据预处理技术。数据预处理主要包括数据清洗、数据集成、数据转换和数据消减。

数据清洗是指消除数据中存在的噪声及纠正数据中不一致的错误。其处理过程通常包括填补遗漏的数据值、平滑有噪声数据、识别或除去异常值,以及解决不一致问题。

数据集成是指将来自多个数据源的数据(如数据库、数据立方、普通文件等)合并到一起,构成一个完整的数据集,以便为数据处理工作的顺利完成提供完整的数据基础。

数据转换主要是对数据进行规格化操作。在正式进行数据挖掘之前,尤其是使用基于对象距离的挖掘算法时(如神经网络、最近邻分类等),必须进行数据规格化,也就是将其缩至特定的范围之内(如[0,1])。

数据消减是指通过删除冗余特征或聚类消除多余数据,但不会影响(或基本不影响)最终的挖掘结果,其目的是缩小所挖掘数据的规模。

3. 大数据存储及管理技术

大数据存储及管理的主要目的是用存储器把采集到的数据存储起来,建立相应的数据库,并进行管理和调用。在大数据时代,获取数据的渠道多样,数据类型丰富,并且数据不断增长,这导致传统的处理和存储技术失去可行性。为了实现大数据时代的数据存储和管理,我们将数据存储系统分为分布式文件系统、NoSQL 数据库系统和数据仓库系统,分别用来存储和管理非结构化、半结构化和结构化数据。

4. 大数据计算模式

大数据的应用类型很多,处理的问题复杂多样,单一的计算模式是不能满足不同类型的计算需求的。主要的大数据计算模式可以分为批处理计算模式、流计算模式、图计算模式和查询分析计算模式四种,这四种计算模式及代表产品如表 1-1 所示。

表 1-1 大数据计算模式及其代表产品

大数据计算模式	主要解决的问题	代表产品
批处理计算	针对大规模数据的批量处理	MapReduce、Spark 等
流计算	针对流数据的实时计算	Storm、Flume、S4、银河流数据处理平台等
图计算	针对大规模图结构数据的处理	Pregel、GraphX、Giraph 等
查询分析计算	大规模数据的存储管理和查询分析	Dremel、Hive、Cassandra、Impala 等

(1) 批处理计算模式

批处理计算主要解决大规模数据的批量处理问题,也是日常数据分析中非常常见的一类数据处理需求。Google 公司在 2004 年提出的 MapReduce 编程模型是最具代表性的批处理计算模式,它可以实现大规模数据集的并行运算,而且便于开发人员进行分布式编程。Spark 是另一个针对超大数据集合的低延迟的集群分布式计算系统,它使用内存保存中间计算结果,因此速度要比 MapReduce 快很多。

(2) 流计算模式

流计算模式的基本理念是“数据的价值会随着时间的流逝而不断减少”。因此,它的设计目标是必须尽可能快地对最新的数据做出分析并给出有价值的结果。需要采用流处理模式的大数据应用场景主要有网页点击数的实时统计、传感器网络回传数据的实时分析等。目前,业内涌现出的流计算平台主要有三种:第一种是商业级的流计算平台,如 IBM InfoSphere Streams 和 IBM StreamBase 等;第二种是开源流计算框架,如雅虎的 S4(Simple Scalable Streaming System)、Spark Streaming 和 Storm 等;第三种是基于公司自身业务开发的流计算框架,如百度开发的实时流数据计算系统 DStream、淘宝开发的实时流数据计算系统——银河流数据处理平台等。

(3) 图计算模式

在大数据环境下,许多数据表现为大规模图或者网络的形式,如社交网络、交通路线网络、传染病传播途径等。此外,还有一部分非图结构的数据常常会被转换成图模型以后再进行后续的分析。而批处理计算模式和流计算模式不适合处理大规模图计算问题,因此大规模图的计算需要采用图计算模式。

谷歌公司开发的 Pregel 是一种基于块同步并行,又称“大同步”(Bulk Synchronous Parallel,BSP) 计算模型实现的并行图处理系统。为了解决大型图的分布式计算问题,Pregel 搭建了一套可扩展的、有容错机制的平台,该平台提供了一套非常灵活的 API,可以描述各种各样的图计算。Pregel 作为分布式图计算的计算框架,主要用于图遍历、最短路径、PageRank 计算等。而 Google Pregel 的开源实现 Hama 主要用于分布式的矩阵、graph、网络算法的计算。Hama 是在 HDFS 上实现的 BSP 计算框架,弥补 Hadoop 在计算能力上的不足。此外,其他代表性的图计算产品还包括 Facebook 针对 Pregel 的开源实现 Giraph,以及 Spark 下的 GraphX 等。

(4) 查询分析计算模式

针对超大规模数据的存储管理和查询分析,需要提供实时或准实时地响应,才能很好地满足企业的经营管理需求。谷歌公司开发的 Dremel 是一种可扩展的、交互式的实时查询系统,用于只读嵌套数据的分析。通过结合多级树状执行过程和列式数据结构,它能做到只需几秒就能完成对万亿张表的聚合查询。系统可以扩展到成千上万的 CPU 上,满足谷歌上万用户操作 PB 级数据的需求，并且可以在 2～3 s 内完成 PB 级别数据的查询。此外，Cloudera 公司参考 Dremel 系统开发了实时查询引擎 Impala，它提供 SQL 语义，能够快速查询存储在 Hadoop 的 HDFS 和 HBase 中的 PB 级大数据。

5. 大数据分析及挖掘技术

大数据处理的核心就是数据分析，通过分析获取数据深入有价值的信息。越来越多的应用涉及大数据，大数据分析方法在大数据领域显得尤为重要，可以说是最终信息是否有价值的决定性因素。

数据挖掘就是从实际应用数据中提取隐含在其中的，又有潜在价值的信息和知识的过程。利用数据挖掘进行数据分析的常用方法主要有分类、回归分析、聚类、关联规则等。

(1) 分类

分类是找出数据库中一组数据对象的共同特点并按照分类模式将其划分为不同的类。其目的是通过分类模型，将数据库中的数据项映射到某个给定的类别。

(2) 回归分析

回归分析反映的是事务数据库中属性值在时间上的特征。该方法可产生一个将数据项映射到一个实值预测变量的函数，发现变量或属性间的依赖关系。

(3) 聚类

聚类是把一组数据按照相似性和差异性分为几个类别。其目的是使得属于同一类别的数据间的相似性尽可能大，不同类别中的数据间的相似性尽可能小。这种方法可以应用于客户群体的分类、客户背景分析、客户购买趋势预测、市场的细分等。

(4) 关联规则

关联规则是描述数据库中数据项之间所存在的关系的规则。即根据一个事务中某些项的出现可推导出另一些项在同一事务中也会出现，即隐藏在数据间的关联或相互关系。

6. 大数据可视化技术

为了将数据更加直观地展现给用户，从而节省用户的阅读和思考时间，同时更好地辅助用户做出决策，就需要将数据可视化。大数据可视化就是将大数据处理完的结果展现为可直观观察的图表、报表等形式。

大数据的可视化更多的是采用专业工具或 Web 技术来实现的。传统的数据可视化工具仅仅将数据加以组合，通过不同的展现方式提供给用户，用于发现数据之间的关联信息。数据可视化快速收集、筛选、分析、归纳、展现决策者所需要的信息，并根据新增的数据进行实时更新。因此，在大数据时代，为了满足并超越客户的期望，数据可视化工具必须具有以下四种特性。

(1) 实时性

数据可视化工具必须适应大数据时代数据量的爆炸式增长需求，必须快速收集分析数据，并对数据信息进行实时更新。

(2) 操作简单

数据可视化工具满足快速开发、易于操作的特性，能满足互联网时代信息多变的特点。

(3) 更丰富的展现方式

数据可视化工具需要具有更丰富的展现方式，能充分满足数据展现的多维度要求，能够在分析过程中与数据集进行交互。

(4) 多种数据集成支持方式

数据的来源不仅仅局限于数据库,数据可视化工具将支持团队协作数据、数据仓库、文本等多种方式,并能够通过互联网进行展现。

目前,常用的大数据可视化工具主要有 Jupyter、Tableau、Google Chart 和 D3.js 等。

7. 大数据安全技术

传统数据安全技术的概念是基于保护单节点实例的安全(如一台服务器),而不是像 Hadoop 这样的分布式集群环境。传统安全技术在这种大型的分布式环境中不再有效。

面对复杂的大数据安全环境,需要从以下四个层面综合考虑以建立全方位的大数据安全体系。

① 边界安全:主要包含网络安全和身份认证。防护对系统及其数据和服务的访问,身份认证确保用户的真实性及有效性。Hadoop 及其生态系统中的其他组件都支持使用 Kerberos 进行用户身份验证。

② 访问控制和授权:通过对用户的授权实现对数据、资源和服务的访问管理及权限控制。Hadoop 和 HBase 都支持 ACL,同时也实现了基于角色的访问控制(Role Based Access Control,RBAC)模型,更细粒度的基于属性的访问控制(Attribute Based Access Control,ABAC)在 HBase 较新的版本中也可通过访问控制标签和可见性标签的形式实现。

③ 数据保护:通过数据加密和脱敏两种主要方式从数据层面保护敏感信息不被泄露。数据加密包括在传输过程中的加密和存储加密。传输过程中的加密依赖于网络安全协议,而存储加密可通过相关加密算法和密钥对数据进行加密存储。数据脱敏是比加密较为折中的办法,对于大数据时代,该方法将被更为广泛的采用。

④ 审计和监控:实时地监控和审计可管理数据安全合规性和安全回溯、安全取证等。

1.3 大数据的应用

大数据无处不在,包括金融、汽车、零售、餐饮、电信、能源、政务、医疗、体育、娱乐等在内的社会各行各业都已经有了大数据的印迹。

(1) 生物学大数据

生物学大数据技术主要是指大数据技术在基因分析上的应用,通过大数据平台,人类可以将自身和生物体基因分析的结果进行记录和存储,利用建立基于大数据技术的基因数据库。借助于大数据技术的应用,人们将会加快自身基因和其他生物的基因的研究进程。未来,人们可以利用生物基因技术来改良农作物,利用基因技术来培养人类器官,利用基因技术来消灭害虫都即将实现。

(2) 电商大数据

电商是最早利用大数据进行精准营销的行业,除了精准营销,电商可以依据客户消费习惯来提前为客户备货,并利用便利店作为货物中转点,在客户下单 15 分钟内将货物送上门,提高客户体验。电商可以利用其交易数据和现金流数据,为其生态圈内的商户提供基于现金流的小额贷款,电商也可以将此数据提供给银行,同银行合作为中小企业提供信贷支持。电商大数据可以预测流行趋势,消费趋势、地域消费特点、客户消费习惯、各种消费行为的相关度、消费热点和影响消费等。

(3) 农牧大数据

大数据在农业应用主要是指依据未来商业需求的预测来进行农牧产品生产,降低菜贱伤农的概率。同时,对大数据进行分析将会更精确预测未来的天气气候,帮助农牧民做好自然灾害的预防工作。牧民也可以通过大数据分析来安排放牧范围,有效利用牧场。

(4) 政府调控和财政支出,大数据令其有条不紊

政府可以利用大数据技术了解各地区的经济发展情况、各产业发展情况、消费支出和产品销售情况。依据数据分析结果,科学地制定宏观政策,平衡各产业发展,避免产能过剩,有效利用自然资源和社会资源,提高社会生产效率。

1.4 大数据与云计算、物联网

云计算、大数据和物联网代表了IT领域的最新发展技术,三者相辅相成,既有联系,又有区别。为了更好地理解三种技术之间的关系,下面将对其进行详细介绍。

1.4.1 云计算

云计算是一种商业计算模型,它将计算任务分布在大量计算机构成的资源池上,使各种应用系统能够根据需要获取计算力、存储空间和信息服务。

1. 云计算的定义

美国国家标准与技术研究院(National Institute of Standards and Technology ,NIST)对云计算的定义如下:云计算是一种无处不在、便捷且按需对一个共享的可配置计算资源(包括网络、服务器、存储、应用和服务)进行网络访问的模式,它能够通过最少量的管理以及与服务提供商的互动实现计算资源的迅速供给和释放。

2012年的国务院政府工作报告将云计算作为国家战略性新兴产业,给出如下定义:云计算是基于互联网的服务的增加、使用和交付模式,通常涉及通过互联网来提供动态、易扩展且经常是虚拟化的资源;云计算是传统计算机与网络技术发展融合的产物,它意味着计算能力也可作为一种商品通过互联网进行流通。

2. 云计算的特点

云计算作为一种可按需提供各种计算资源的商业计算模型,具备以下五个特征。

(1) 自助式服务

消费者无须同服务提供商交互就可得到自助的计算资源能力,如服务器的时间、网络存储等。

(2) 无所不在的网络访问

借助于不同的客户端来通过标准的应用对网络访问的可用能力。

(3) 服务可计量

云系统对服务类型通过计量的方法来自动控制和优化资源使用(如借助于不同的客户端来通过标准的应用对网络访问的可用能力)。

(4) 划分独立资源池

根据消费者的需求动态地划分或释放不同的物理和虚拟资源,这些池化的计算资源以多租户的模式提供服务。用户经常并不控制或了解这些资源池的准确划分,但可以知道这些资源池在哪个行政区域或数据中心,如包括存储、计算处理、内存、网络带宽及虚拟机个数等。

(5) 快速、弹性

一种对资源快速、弹性提供释放的能力。对消费者来说,所提供的这种能力是无限的,且可在任何时间以任何量化方式购买。

3. 云计算的服务模式

云计算包括三种服务模式:基础设施即服务(Infrastructure as a Service,IaaS)、平台即服务(Platform as a Service,PaaS)和软件即服务(Software as a Service,SaaS)。IaaS 将计算资源、存储空间以及网络带宽作为服务出租,PaaS 将开发环境、测试环境等平台运行环境作为服务出租,SaaS 将各种软件作为服务出租,如图 1-7 所示。

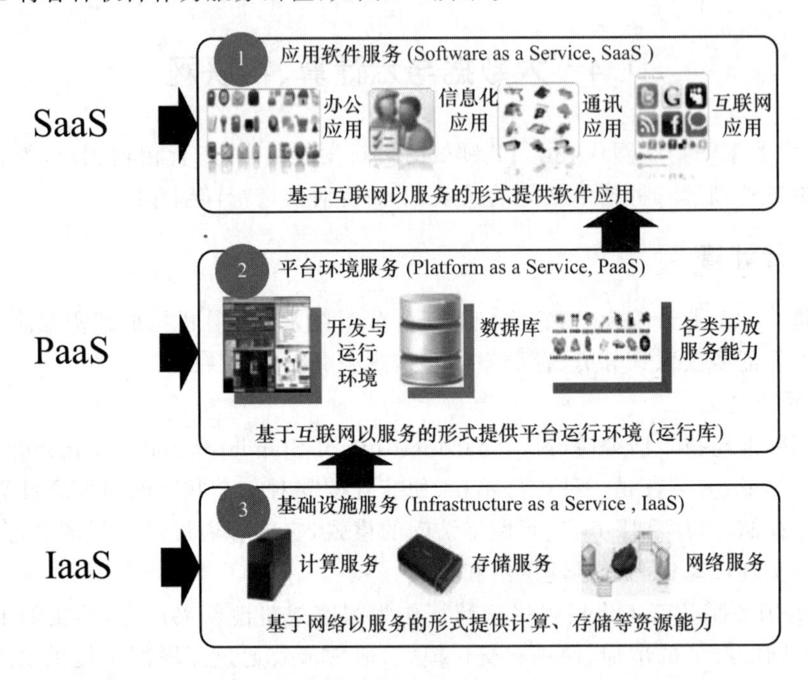

图 1-7　云计算的服务模式

4. 云计算的部署模型

云计算包括三种部署模型:公有云、私有云和混合云。如图 1-8 所示。

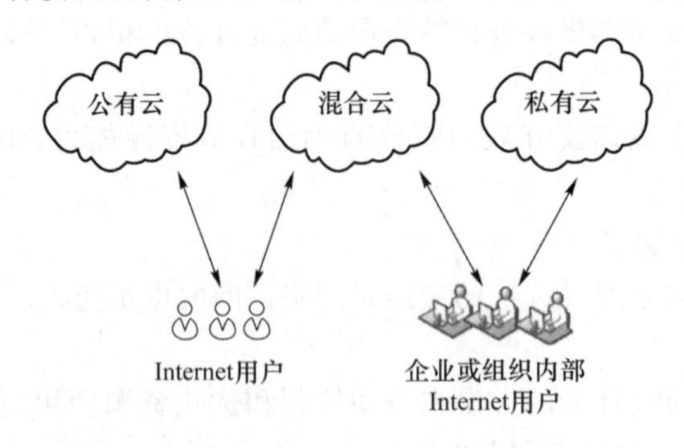

图 1-8　云计算的部署模型

(1) 公有云

在此种模式下,应用程序、资源、存储和其他服务,都由云服务供应商来提供给用户,这些服务多半都是免费的,也有部分按需、按使用量收费,这种模式只能使用互联网来访问和使用。

同时,这种模式在私人信息和数据保护方面也比较有保障。

(2) 私有云

这种云基础设施专门为某一个企业服务,不管是自己管理还是第三方管理,不管是自己负责还是第三方托管,都没有关系。只要使用的方式没有问题,就能为企业带来很大的帮助。这种云计算模式可非常广泛地产生正面效益,从模式的名称也可看出,它可以为所有者提供具备充分优势和功能的服务。

(3) 混合云

混合云是两种或两种以上的云计算模式的混合体,如公有云和私有云混合。它们相互独立,但在云的内部又相互结合,可以发挥出所混合的多种云计算模型的各自的优势。

此外,还可以采用云计算管理软件来构建云环境,OpenStack 就是一种非常流行的构建云环境的开源软件。OpenStack 管理的资源不是单机的,而是一个分布的系统,它把分布的计算、存储、网络、设备、资源组织起来,形成一个完整的云计算系统,帮助服务商和企业内部实现类似于 Amazon EC2 和 S3 的云基础架构服务。

5. 云计算的关键技术

云计算的关键技术包括虚拟化、分布式存储、分布式计算、多租户等。

(1) 虚拟化

虚拟化意味着对计算机资源的抽象。虚拟化技术可以用来对数据中心中的各种资源进行虚拟化和管理,虚拟化的资源可以是硬件(如服务器、磁盘和网络设备),也可以是软件。Hyper-V、VMware、KVM、VirtualBox、Xen 等都是非常典型的虚拟化技术。近年来发展起来的容器技术(如 Docker),是不同于 VMware 等传统虚拟化技术的一种新型轻量级虚拟化技术(也被称为"容器型虚拟化技术")。与传统虚拟化技术相比,Docker 容器具有启动速度快、资源利用率高、性能开销小等优点,得到了广泛应用。

(2) 分布式存储

在数据量剧增的大数据时代,集中式存储已经无法满足海量数据的存储需求,分布式存储应运而生。谷歌公司推出的分布式文件系统 GFS(Google File System)具有很好的硬件容错性,可以把数据存储到成百上千台服务器上,并能在硬件出错的情况下尽可能地保证数据的完整性,可以满足大型、分布式、对大量数据进行访问的应用的需求。GFS 的开源实现 HDFS(Hadoop Distribution File System,Hadoop 分布式文件系统)采用了"一次写入、多次读取"的文件模型,文件一旦创建、写入并关闭了,之后就只能进行读取操作。

(3) 分布式计算

面对大数据时代"爆炸式"增长的数据,依靠硬件性能的提升来实现大数据时代快速数据处理的需求无法满足。为此,谷歌公司提出了并行计算模型 MapReduce。该模型允许开发者在不具备并行开发经验的前提下也能够开发出分布式并行程序,并允许其运行在数百台机器上,从而能在短时间内完成海量数据的计算。Hadoop 开源实现了谷歌公司的 MapReduce 编程框架,被广泛应用于分布式计算。

(4) 多租户

多租户技术旨在使大量用户能够共享同一堆栈内的软硬件资源,每个用户按需使用资源,并且能够在不影响其他租户使用的情况下,对软件服务进行客户化配置。多租户技术的核心包括数据隔离、客户化配置、架构扩展和性能定制。

6. 云计算的应用

随着信息技术的不断提高和发展，云计算已经逐渐渗入各行各业当中，并得到了广泛的接纳与认同。各种类型的行业云纷纷诞生，其中制造云、金融云、医疗云等作为首先落地的典型代表，已经取得了不俗的效果和成绩。

7. 云计算产业链

云计算产业作为战略性新兴产业，近些年得到了迅速发展，形成了成熟的产业链结构，产业涵盖硬件与设备制造、基础设施运营、软件与解决方案供应商、基础设施即服务(IaaS)、平台即服务(PaaS)、软件即服务(SaaS)、终端设备、云安全、云计算交付/咨询/认证等环节，如图 1-9 所示。

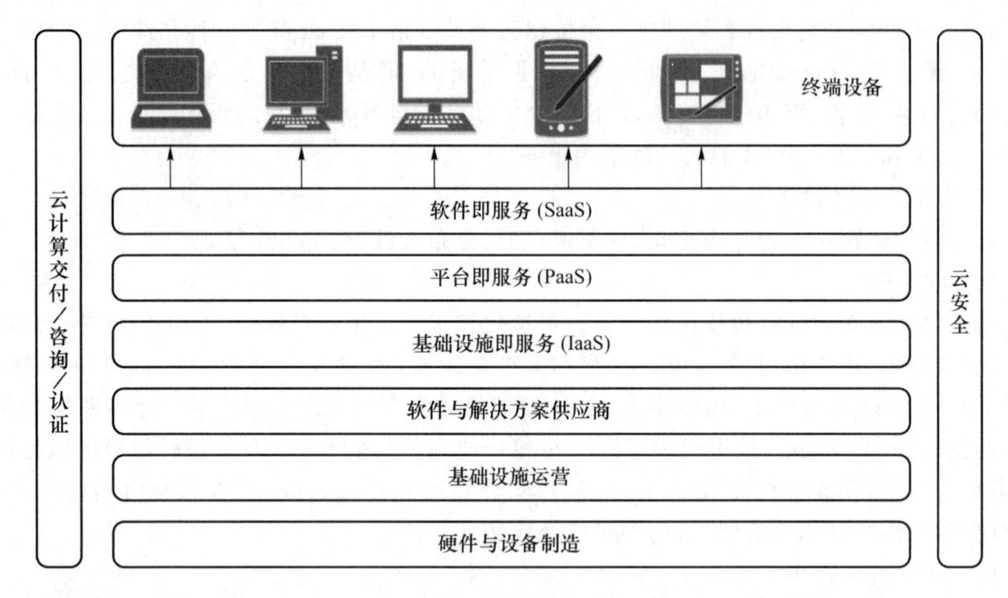

图 1-9　云计算产业链

1.4.2　物联网

1. 物联网的定义

物联网是人与物、物与物相连的互联网，是互联网的延伸，它利用局部网络或互联网等通信技术把传感器、控制器、机器、人员和事物等通过新的方式联在一起，形成人与物、物与物相联，实现信息化和远程管理控制。

物联网的技术架构可分为四层：感知层、网络层、处理层、应用层，如图 1-10 所示。

① 感知层相当于人体的神经末梢，用来感知物理世界，采集来自物理世界的各种信息。这个层包含了大量的传感器，如温度传感器、湿度传感器和加速度传感器等，还包括二维码标签、RFID(Radio Frequency Identification)标签和读写器、摄像头、GPS 设备等。

② 网络层相当于人体的神经中枢，实现信息的传输。这个层包含各种类型的网络，如互联网、移动通信网络、卫星通信网络等。

③ 处理层相当于人体的大脑，对数据进行存储、管理和分析。

④ 应用层直接面向用户，满足用户的各种应用需求，如智能交通、智能家居、智慧医疗等。

2. 物联网关键技术

物联网是实现物与物相连的网络，通过为物体加装二维码、RFID 标签或传感器等，就可

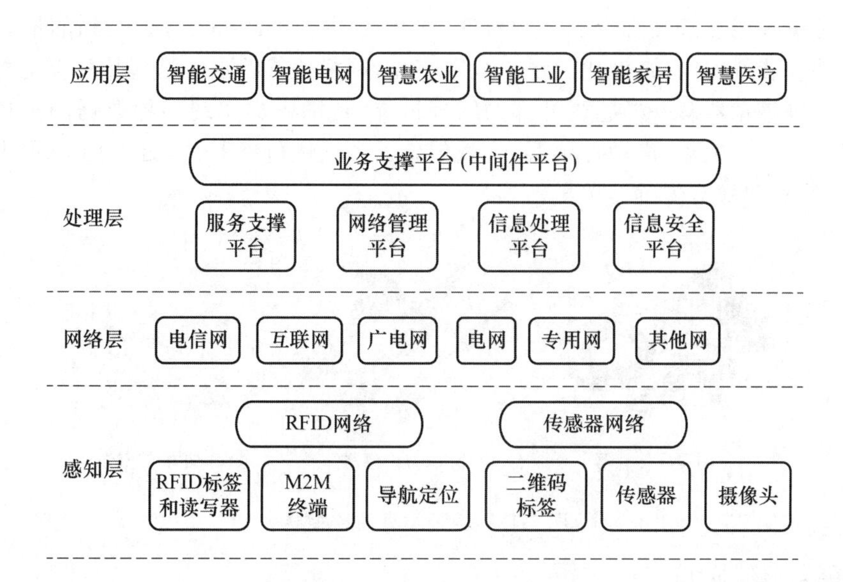

图 1-10 物联网的技术架构

以实现物体身份唯一标识和各种信息的采集,在借助各种类型的网络,就可以实现人和物、物和物之间的信息交换,如安装在移动设备端的“实时公交”App。因此,物联网中的关键技术包括识别和感知技术、网络与通信技术、数据挖掘与融合技术等。

(1) 识别和感知技术

图 1-11 所示为我们生活中常见的二维码,它是物联网中一种很重要的自动识别技术,常以矩阵式二维码的形式呈现。矩阵式二维码在一个矩形空间中通过黑、白像素在矩阵中的不同分布进行编码。二维码具有信息容量大、编码范围广、容错能力强、译码可靠性高、成本低和易制作等优点,已经得到了广泛应用。

图 1-11 二维码

RFID 技术用于静止或移动物体的无接触自动识别,具有全天候、无接触、可同时实现多个物体自动识别等特点。这种技术被广泛应用于生产和生活中,如图 1-12 所示的采用了 RFID 芯片的公交卡。此外,门禁卡、校园卡等都嵌入了 RFID 芯片,大大推动了物联网的发展。

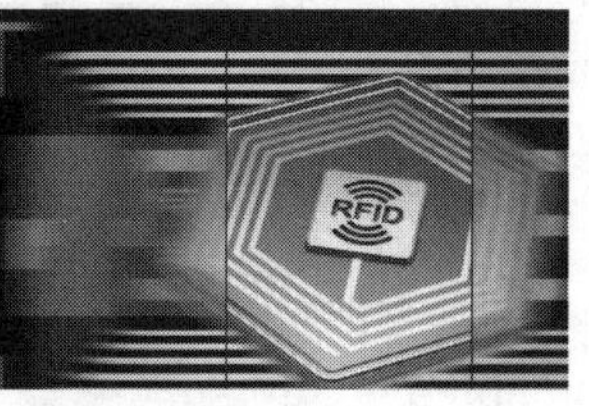

图 1-12 采用 RFID 芯片的公交卡

传感器是一种能够感受规定的被测量件，并能按照一定的规律将感受到的信息转换成可用信号的器件或装置，具有微型化、智能化、数字化、网络化等特点。这些传感器能像人类的耳朵、鼻子、眼睛等感觉器官一样感受外部的物理世界，帮助人类实现各种数据的采集。常见的传感器类型有光敏传感器、声敏传感器、气敏传感器和温敏传感器等，图 1-13 所示为温湿度传感器、压力传感器和烟雾传感器。

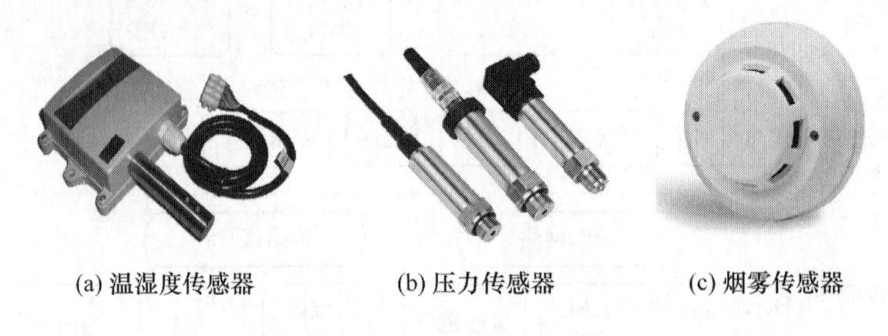

(a) 温湿度传感器　　(b) 压力传感器　　(c) 烟雾传感器

图 1-13　各种类型的传感器

(2) 网络与通信技术

物联网中的网络与通信技术包括短距离无线通信技术和远程通信技术。短距离无线通信技术包括 ZigBee、NFC、蓝牙、WiFi、RFID 等。远程通信技术包括互联网、3G/4G/5G 移动通信网络、卫星通信网络等。

(3) 数据挖掘与融合技术

物联网中包括各种异构网络、不同类型的系统和大量不同来源的数据，如何充分有效地进行整合、处理、分析和挖掘，是物联网处理层需要解决的关键问题。云计算和大数据技术的出现，为解决上述问题提供了强大的技术支撑，从而满足各种实际应用的需求。

3. 物联网的应用

物联网已经广泛应用于智能交通、智慧医疗、智能家居、环保监测、智能安防、智能物流、智能电网、智慧农业和智能工业等领域(如图 1-14 所示)，对国民经济与社会发展起到了重要的推动作用。

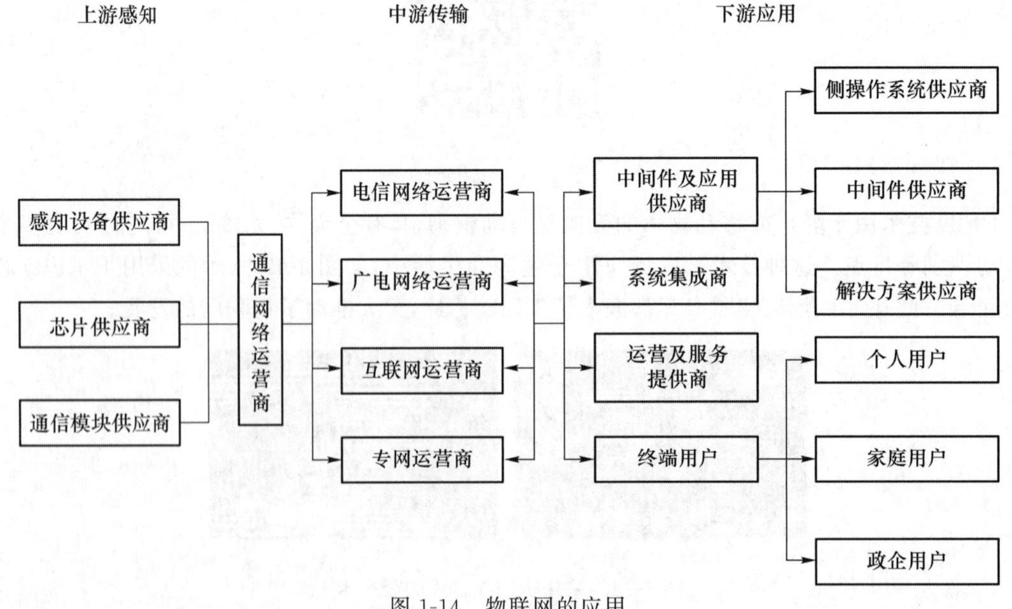

图 1-14　物联网的应用

4. 物联网产业链

我国已形成包括芯片、元器件、设备、软件、系统集成、运营和应用服务在内的较为完整的物联网产业链，各关键环节的发展也取得重大进展。物联网产业链如图 1-15 所示。

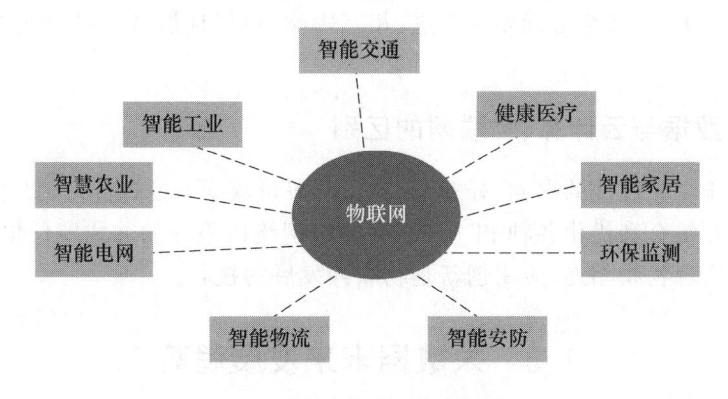

图 1-15　物联网产业链

(1) 物联网产业链上游分析

物联网上游是感知层。在感知层，主要的参与者是芯片厂商、模块厂商和设备制造商。物联网芯片领域关注最多的是传感芯片和无线通信芯片。

(2) 物联网产业链中游分析

物联网中游是传输层和平台层。物联网中游涉及企业包括光纤通信、WiFi、蓝牙、5G 等。虽然很多企业意识到了物联网络的重要性并进行了布局，但大部分都还处于试验阶段，很多运营商也只是象征性地将物联网作为移动网络上的一个附属服务。

(3) 物联网产业链下游分析

在物联网产业下游应用层，有三类角色：云服务商、方案厂商和系统集成商。云服务商是物联网技术生态链上的新角色。云服务的投入和回报周期相对较长，目前只有少数几家以物联网云服务为主营的提供商。方案厂商是由技术领域向行业领域扩展的这样一类厂商。它们会了解行业需求，与设备厂商沟通，最终给出合理的方案。系统集成商依据对物联网的某一行业某一领域某一个案例的深入研究就可以将物联网技术发挥出来，并以此为突破将物联网技术发挥到整个行业。

1.4.3　大数据与云计算、物联网的关系

从大数据和云计算概念的诞生到现在，二者的关系非常微妙，既密不可分，又千差万别。因此，我们不能把大数据和云计算作为截然不同的两类技术来看待。此外，物联网也是和云计算、大数据相伴相生的技术。

从整体上看，大数据、云计算和物联网这三者是相辅相成的。大数据根植于云计算，大数据分析的很多技术都来自云计算；云计算的分布式、数据存储和管理系统（包括分布式文件系统和分布式数据库系统）提供了海量数据的存储和管理能力；分布式并行处理框架 MapReduce 提供了海量数据分析能力。没有这些云计算技术作为支撑，大数据分析就无从谈起。反之，大数据为云计算提供了“用武之地”，没有大数据这个“练兵场”，云计算技术再先进，也不能发挥它的应用价值。

物联网的传感器源源不断产生的大量数据构成了大数据的重要来源，没有物联网的飞速发展，就不会带来数据产生方式的变革，即由人工产生阶段向自动产生阶段，大数据时代也不

会这么快就到来。同时,物联网需要借助于云计算和大数据技术,实现物联网大数据的存储、分析和处理。

大数据、云计算和物联网三者已经彼此渗透、相互融合,在很多应用场合都可以同时看到三者的身影。在未来,三者会继续相互促进、相互影响,更好地服务于社会生产和生活的各个领域。

1.4.4 大数据与云计算、物联网的区别

大数据侧重于海量数据的存储、处理与分析,从海量数据中发现价值,服务于生产和生活;云计算本质上旨在整合和优化各种 IT 资源,并通过网络以服务的方式廉价提供给用户;物联网的发展目标是实现物物相连,应用创新是物联网发展的核心。

1.5 大数据未来发展趋势

根据上海数据分析网行业资讯板块引用美国 *PC Magazine* 总编辑柯斯塔的信息报道,大数据未来应用有以下七大趋势。

① 物联网;
② 智慧城市;
③ 增强现实(AR)与虚拟现实(VR);
④ 区块链;
⑤ 语音识别;
⑥ 人工智能(AI);
⑦ 数字汇流。

小　　结

本章主要介绍了大数据的发展历程、大数据的概念和特点、大数据的关键技术、大数据的应用,以及大数据与云计算、物联网之间的关系与区别,最后介绍了大数据未来的十大发展趋势。

习　　题

1. 选择题

(1) 以下(　　)不是大数据时代新兴的技术。

A. MySQL　　B. HBase　　C. Hadoop　　D. Spark

(2) 大数据特征中的 Velocity 是指(　　)。

A. 价值密度低　　B. 处理速度快　　C. 数据类型繁多　　D. 数据体量巨大

(3) 大数据特征中的 Variety 是指(　　)。

A. 价值密度低　　B. 处理速度快　　C. 数据类型繁多　　D. 数据体量巨大

(4) 大数据特征中的 Online 是指(　　)。

A. 数据是在线的　　B. 处理速度快　　C. 数据类型繁多　　D. 数据体量巨大

(5) 每种大数据产品都有特定的应用场景，以下(　　)是用于流计算的。

A. Impala　　B. Hive　　C. S4　　D. GraphX

(6) 每种大数据产品都有特定的应用场景，以下(　　)是用于图计算的。

A. Storm　　B. Cassandra　　C. Flume　　D. Pregel

(7) (　　)不属于云计算的服务模式。

A. SaaS　　B. MaaS　　C. IaaS　　D. PaaS

(8) (多选)大数据的发展历程包括(　　)。

A. 兴盛期　　B. 成熟期　　C. 发展期　　D. 萌芽期

(9) (多选)大数据的四种主要计算模式包括(　　)。

A. 查询分析计算　　B. 批处理计算　　C. 图计算　　D. 流计算

(10) (多选)以下(　　)属于大数据技术的应用。

A. 为客户推荐产品　　B. 未来天气的预测

C. 新冠病例密接者排查　　D. 传统文件系统

2. 填空题

(1) 大数据的6个特征是：________、________、数据处理速度快、________、数据是在线的、________。

(2) 大数据预处理技术包括________、________、________、________。

(3) Spark属于大数据计算模式中的________模式。

(4) 云计算包括三种部署模型：公有云、________和混合云。

(5) 物联网的技术架构分为四层：感知层、________、处理层和应用层。

3. 问答题

(1) 简述大数据的特点。

(2) 举例说明大数据的关键技术。

(3) 简述大数据、云计算和物联网三者之间的区别与联系。

第 2 章　大数据处理框架 Hadoop

导言

Hadoop 是一个由 Apache 基金会开发的、开源的、可运行于大规模集群上的分布式系统基础架构。它实现了分布式文件系统（Hadoop Distributed File System，HDFS）和 MapReduce 计算模型等功能，被广泛应用于各行各业。基于 Hadoop 应用开发，开发人员可以在不了解分布式底层细节的情况下轻松编写分布式并行程序，并将其应用于大量计算机组成的集群上，实现对海量数据的存储与计算。

本章将介绍 Hadoop 的起源、发展历程、特性、版本及应用，并详细介绍 Hadoop 的生态系统及核心组件，最后介绍如何在 Linux 操作系统下安装和配置 Hadoop 集群环境。

本章学习目标

➢ 知识目标
- 掌握 Hadoop 的核心功能
- 掌握 Hadoop 生态系统
- 理解 Hadoop 的特点
- 理解 Hadoop 核心组件的功能
- 了解 Hadoop 的应用

➢ 能力目标
- 能搭建 Hadoop 集群环境

2.1　Hadoop 概述

本节简要介绍 Hadoop 的起源、发展历程、特点及版本演变。

2.1.1　Hadoop 简介

Hadoop 是 Apache 软件基金会旗下的一个处理、存储和分析海量的分布式、非结构化数据的开源框架，为开发人员屏蔽了分布式的底层细节，便于其迅速掌握分布式开发技术。Hadoop 是用 Java 语言实现的，具有很好的跨平台性，并且可以部署在普通计算机组成的大规模集群上。

Hadoop 起源于谷歌的集群系统，是谷歌集群系统的一个开源实现。它的核心是分布式文件系统 HDFS 和分布式计算框架 MapReduce。其中，HDFS 是谷歌文件系统 GFS(Google File System)的开源实现，能够运行在由廉价的普通机器组成的集群上，具有较高的容错性，能提供高吞吐量的数据访问，支持流数据读取和超大规模文件的分布式存储，其冗余数据的存储方式很好地保证了数据的安全性。MapReduce 是谷歌 MapReduce 的开源实现，它允许开发人员在不了解分布式底层细节的情况下，就能轻松编写分布式并行应用程序，采用 MapReduce 框架对分布式文件系统上的数据进行处理，可保证数据处理的高效性。基于 Hadoop 应用开发，开发人员最终能快速、高效地实现对海量数据的存储、计算与分析。因此，Hadoop 并不仅仅是一个用于存储大规模数据的文件系统，而是一个被设计用来在廉价计算机集群上执行分布式应用的框架。

2.1.2　Hadoop 发展历程

谈到 Hadoop 的发展历程，不得不提到一个关键人物 Doug Cutting。Hadoop 这个名字则是他的儿子给自己的一个玩具大象取的名字，如图 2-1 所示。

Doug Cutting 是开源项目 Apache Lucene 和 Apache Nutch 的创始人，而 Hadoop 就是来源于其中之一的 Apache Nutch 项目。Lucene 其实是一个提供全文文本搜索的函数库，它不是一个应用软件。它提供很多可以运用到各种实际应用程序中的 API 函数。现在，它已经成为 Apache 的一个项目并被广泛应用着。Nutch 是一个搜索引擎应用程序，在它的开发过程中，Lucene 为其提供了文本搜索和索引的 API。Nutch 不仅具有文本搜索的功能，而且还具有数据抓取的功能。

图 2-1　Hadoop 的标志

Hadoop 的“问世”并不是一帆风顺的。在 2002 年，Nutch 项目遇到了一个难题——该搜索引擎无法有效地将计算任务分配到多台计算机上。2003 年，谷歌公司发表了一篇关于分布式文件系统 GFS 的论文，为大规模数据的存储提供了解决方案。2004 年，谷歌公司又发表了一篇对 Hadoop 而言意义深远的论文，该论文阐述了 MapReduce 分布式编程思想。

上述两篇论文中阐述的系统为 Nutch 项目的难题提供了解决方案。Doug Cutting 联合 Mike Cafarella 模仿 GFS 和 MapReduce，采用 Java 语言开发了自己的分布式文件系统 NDFS (Nutch Distributed File System)和 MapReduce。之后，Nutch 项目已经能在 20 台计算机组成的集群上平稳运行了。但是，要想应对大规模的 Web 数据计算，还必须得让 Nutch 能在几千台机器上运行。因为能力有限，他们当时无法开展在由几千台机器组成的大规模集群上的实验。在 Nutch 项目陷入困境之时，雅虎(Yahoo!)也对这项技术产生了浓厚的兴趣并迅速组建了一个开发团队。

2006 年 1 月，Doug Cutting 成为雅虎新组建的开发团队中的一员。因为 Nutch 项目侧重于搜索，而 NDFS 和 MapReduce 则更像是分布式基础架构，所以 2006 年 2 月，NDFS 和 MapReduce 从 Nutch 项目中独立出来，称为 Hadoop，同时 NDFS 也更名为 HDFS(Hadoop Distributed File System)。在雅虎的帮助下，Hadoop 很快就能够真正处理海量的 Web 数据了。2008 年 1 月，Hadoop 正式成为 Apache 顶级项目，开始逐渐被各大公司应用于自己的业务中。2008 年 4 月，Hadoop 采用一个由 910 个节点组成的集群，成为当时最快排序 1 TB 数据的系统，排序的时间为 209 秒，比上一年的纪录保持者快了 88 秒。2009 年 5 月，雅虎的团队使用 Hadoop 对 1 TB 的数据进行排序，时间被缩短到 62 秒。从此，Hadoop 迅速发展成为大数据时代最具影响力的开源分布式开发平台，并成为事实上的大数据处理标准。

2.1.3　Hadoop 的特性

Hadoop 作为一个能够运行在大规模廉价设备组成的集群上的分布式开源框架，由于其具备良好的特性，才能被广泛应用到各行各业。Hadoop 的特性具体表现在以下六个方面。

① 高可靠性：采用冗余数据存储方式，即使一个副本发生故障，其他副本也可以保证能够正常对外提供服务。

② 高效性：作为并行分布式计算平台，Hadoop 采用分布式存储和分布式计算两大核心技术，能够高效地处理 PB 级别的数据。

③ 高可扩展性：Hadoop 的设计目标是可以高效、稳定地运行在廉价的计算机集群上，可以扩展到数以千计的计算机节点上。

④ 高容错性：采用冗余数据存储方式，自动保存数据的多个副本，并且能够自动地将失败的任务进行重新分配。

⑤ 成本低：Hadoop 采用廉价的计算机集群，普通的用户也可以用自己的计算机搭建 Hadoop 集群环境。

⑥ 运行在 Linux 平台上：Hadoop 是采用 Java 语言开发的，可以较好地运行在 Linux 平台上。

⑦ 支持多种编程语言：基于 Hadoop 的应用程序也可以使用其他语言编写，比如 C＋＋、Python 等。

2.1.4　Hadoop 的版本

Apache Hadoop 平台发展至今，共发布了三个大版本，分别是 Hadoop 1.0、Hadoop 2.0 和 Hadoop 3.0。Hadoop 1.0 包含 0.20.x、0.21.x、0.22.x 三个版本，其中 0.20.x 最后演化成 1.0.x，变成了稳定版本。而 0.21.x 和 0.22.x 则增加了 NameNode HA 等重要的新特性。Hadoop 2.0 包含 0.23.x 和 2.x 两大版本。它们完全不同于 Hadoop 1.0，是一套全新的架构，均包含 HDFS Federation 和 YARN(Yet Another Resource Negotiator)两个系统，相比于 0.23.x，2.x 增加了 NameNode HA 和 Wire-compatibility 两个重大特性。由于 Hadoop 2.0 是基于 JDK 1.7 开发的，而 JDK 1.7 在 2015 年 4 月已停止更新，这直接迫使 Hadoop 社区基于 JDK 1.8 重新发布一个新的 Hadoop 版本，即 Hadoop 3.0。Hadoop 3.0 中引入了一些重要的功能和优化，包括 HDFS 可擦除编码、多 NameNode 支持、MR Native Task 优化、YARN 基于 cgroup 的内存和磁盘 IO 隔离、YARN container resizing 等，使得其在存储和计算性能方面都有很大的提升。

Hadoop 的发行版除了社区的 Apache Hadoop 外，一些商业公司，如 Cloudera、Hortonworks、MapR、EMC、IBM、INTEL、华为等，都提供了自己的商业版本。商业版本主要是提供专业的技术支持，它们以 Apache Hadoop 为基础，但是具有更好的易用性、更多的功能以及更高的性能。

2.2　Hadoop 生态系统

Hadoop 是一个由 Apache 基金会开发的大数据分布式系统基础架构。Hadoop 又是一个开源社区，主要为解决大数据的问题提供工具和软件。因此，Hadoop 本身不是一个产品，而是由多个组件组成的一个生态系统(如图 2-2 所示),这些组件能够实现数据存储、数据集成、数据处理和数据分析。

Hadoop 生态系统中的组件除了核心的 HDFS 和 MapReduce 之外,还包括 Ambari、Zookeeper、HBase、Hive、Pig、Mahout、Sqoop 和 Flume 等。需要注意的是,Hadoop 2.0 中新增了 NameNode HA(High Available)、HDFS Federation 和分布式资源调度管理框架 YARN(Yet Another Resource Negotiator)等。Hadoop 3.0 中又引入了很多重要的功能。

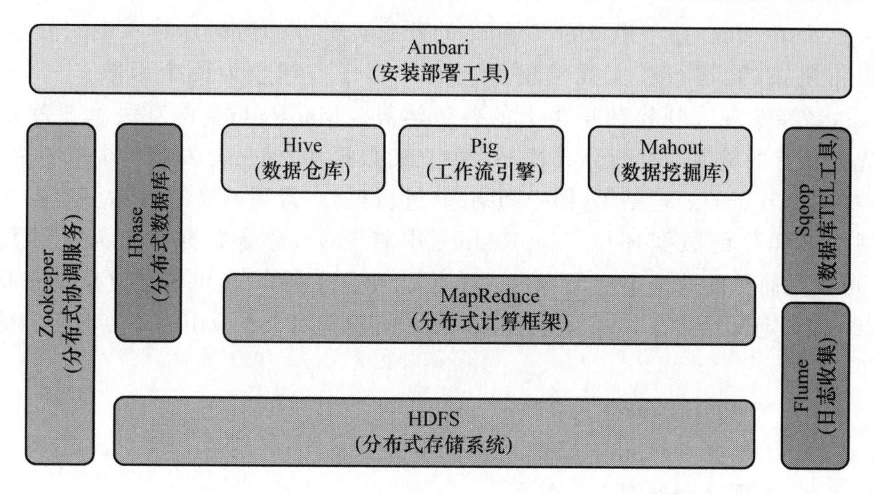

图 2-2　Hadoop 生态系统

2.2.1　HDFS

HDFS 是 Hadoop 体系中数据存储管理的基础,是谷歌文件系统 GFS 的开源实现。它是一个高度容错的系统,能检测和应对硬件故障,可以运行在由低成本的通用硬件组成的集群上。HDFS 简化了文件的一致性模型,通过流式数据访问,提供高吞吐量应用程序数据访问功能,适合带有大型数据集的应用程序。其原理如图 2-3 所示。

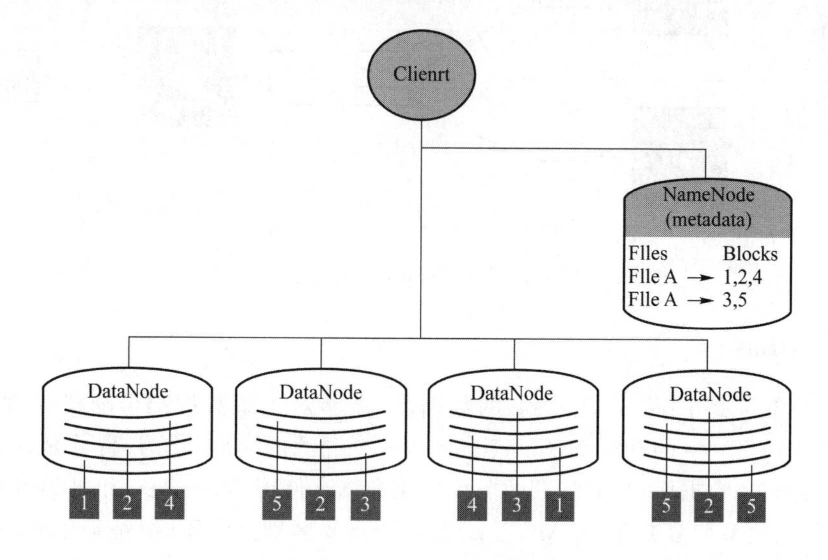

图 2-3　HDFS 数据存储

NameNode可以看作是分布式文件系统中的管理者，存储文件系统的meta-data，主要负责管理文件系统的命名空间、集群配置信息和存储块的复制。DataNode是文件存储的基本单元。它存储文件块在本地文件系统中，保存了文件块的meta-data，同时，周期性的发送所有存在的文件块的报告给NameNode。Client就是需要获取分布式文件系统文件的应用程序。

2.2.2 MapReduce

Hadoop MapReduce是谷歌MapReduce的开源实现，是Hadoop体系中的分布式计算框架。它可以将复杂的、运行在大规模集群上的计算任务抽象为两个函数——Map函数和Reduce函数，最终实现大规模数据集上的并行运算。MapReduce的算法思想就是"分而治之"，它首先把所有的输入数据拆分成若干个独立的数据块，然后分发给多个节点来进行并行处理，最后将各个节点的处理结果(即中间结果)进行整合，得到最终的结果。

为了适应多样化的数据环境，MapReduce中将key/value数据对作为基础数据单元。key/value可以是简单的数据类型，如整数、浮点数和字符串等；也可以是复杂的数据结构，例如列表、数组和自定义结构。Map阶段和Reduce阶段都将key/value作为输入和输出，其公式表达如下：

Map:< k1,v1 > →[< k2,v2 >]

Reduce:< k2,[v2]> →[< k3,v3 >]

[]表示列表，处理过程如图2-4所示。

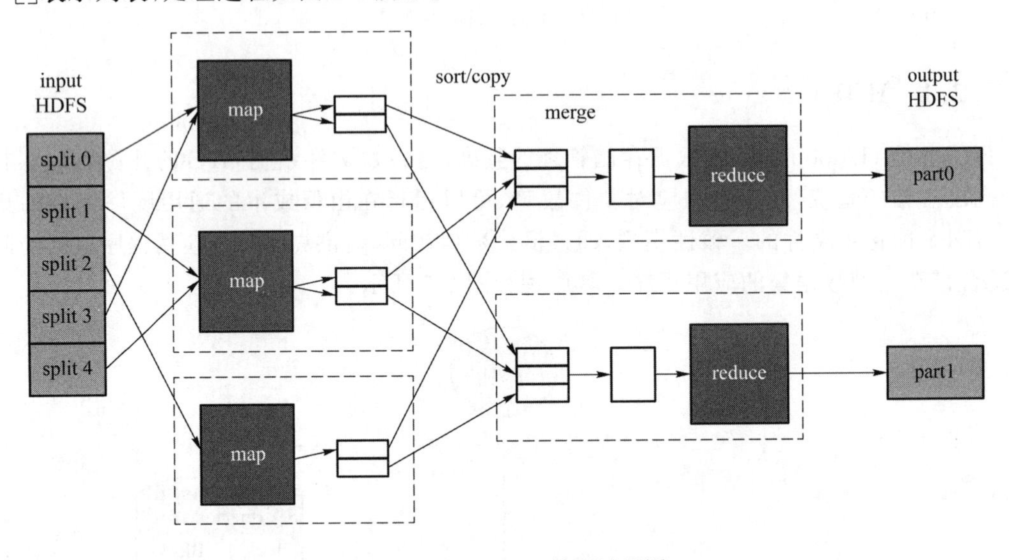

图2-4 MapReduce处理过程图

2.2.3 HBase

Apache HBase是Apache Hadoop的数据库，能够对大型数据提供随机、实时的读写访问，是Google Big Table的开源实现。HBase是一个开源的、分布式的、高可靠性、高性能、可伸缩、面向列的列式数据库，具有强大的非结构化数据存储能力，一般采用HDFS作为底层数据存储。与传统关系型数据库(如MySQL)的一个重要区别是：HBase是基于列的存储，而传统关系型数据库是基于行的存储。它可以通过横向扩展来不断增加存储能力。

列存储数据库拥有多种数据组织方式，最常用的如DSM、PAX等。DSM模型有效地通过列组织形式提高了数据持久化速度和读写执行速度，因而得到了数据库存储系统的大面积使用。在该模型中，列作为了每一组储存数据的基本单元，提高了数据的压缩性能和压缩效率。

从根本上讲，HBase 的底层业务逻辑仍然是基于 Hadoop 的 HDFS 系统，在 HBase 的架构中，Master 都不直接存放数据，其作用是用于管理 Region 服务器，通过 Region 向外提供公共服务，多个 Region 可以储存在一个 Region Server 之中，并向外一致提供服务。具体如图 2-5 所示。

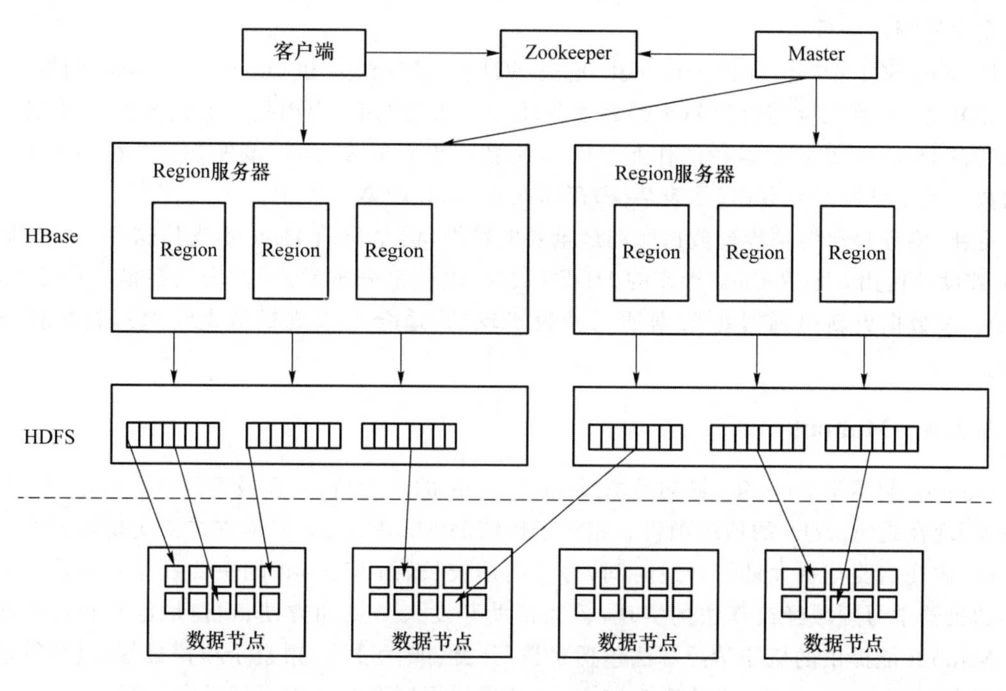

图 2-5　HBase 架构图

2.2.4　ZooKeeper

Apache ZooKeeper 是一个为分布式应用所设计的分布式、开源的协调服务，它是 Google Chubby 的一个开源实现，主要是用来解决多个分布式应用遇到的互斥协作与通信问题（如统一命名空间、状态同步服务、集群管理等），使用 Zookeeper 能够简化分布式应用协调及其管理的难度，减轻分布式应用程序所承担的协调任务。

统一命名服务。利用 ZooKeeper 中树形分层结构，可以把系统中的各种服务的名称、地址以及目录信息存放在 ZooKeeper 中，在需要时进行读取。还可以利用 ZooKeeper 的命名服务生成有顺序的编号。

集群管理。ZooKeeper 能够很容易地实现集群管理功能。对于有多台服务器组成的一个服务集群，必须有一个"总管"知道当前集群中每台机器的服务状态，一旦有服务器不能提供服务，集群中其他服务器必须知道，从而做出调整，重新分配服务策略。

分布式锁。为了提高可靠性，集群的每台服务器上都部署着同样的服务，但是它们之间需要协调，这时可以利用分布式锁协调多个分布式进程之间的活动。

2.2.5 Hive

Apache Hive是基于Hadoop的一个数据仓库工具,可以将结构化的数据文件映射为一张数据库表,用于对Hadoop文件中的数据集进行数据存储、数据分析、数据整理和特殊查询。Hive由于提供了类似于关系型数据库SQL语言的查询语言Hive QL,因此便于用户掌握。因为Hive自身可以将Hive QL语句转换为MapReduce任务进行运行,所以用户可以通过Hive QL语句快速实现简单的MapReduce统计,不必开发专门的MapReduce应用程序,适合数据仓库的统计分析。

Hive的SQL"方言"称为Hive QL,它是SQL-92、MySQL和Oracle SQL语言的混合体。对于SQL-92标准的支持已经越来越完善。Hive一般运行在工作站上,它把SQL查询转换为一系列在Hadoop集群上运行的作业。Hive把数据组织成表,通过该种方式对存储在HDFS上的数据赋予结构。元数据(如表结构)存储在metastore数据库中。

更新、事务和索引是传统数据库的最重要的特性,但是目前Hive不支持这些特性。因为Hive被设计使用MapReduce操作的HDFS数据,由此带来常常进行"全表扫描"(Full-Table Scan)。表数据更新是通过把数据插入新表实现的,适合在大规模数据集上运行数据仓库应用。

2.2.6 Mahout

Mahout起源于2008年,最初是Apache Lucene的子项目,它在极短的时间内取得了长足的发展,现在是Apache的顶级项目。相对于传统的MapReduce编程方式来实现机器学习的算法时,往往需要花费大量的开发时间,并且周期较长,而Mahout的主要目标是创建一些可扩展的机器学习领域经典算法的实现,旨在帮助开发人员更加方便、快捷地创建智能应用程序。Mahout能提供的机器学习算法包括聚类、分类、推荐过滤、频繁子项挖掘等,这些算法都是构建在Hadoop之上的,所以基于Mahout的应用可以有效地扩展到云中。

2.2.7 Pig

Apache Pig是一个支持并行计算的高级的数据流语言和执行框架,适合于使用Hadoop和MapReduce平台来查询大型半结构化数据集。它的出现大大简化了Hadoop常见的工作任务,在MapReduce的基础上创建了更简单的过程语言抽象,它提供类SQL类型语言,该语言会把用户写好的Pig型类SQL脚本(PigLatin)转换为一系列经过优化的MapReduce操作,并提交给集群进行自动的并行处理和分发,无须编写一个单独的MapReduce应用程序。

2.2.8 Sqoop

Apache Sqoop中的Sqoop是SQL-to-Hadoop的缩写,主要用来实现关系型数据库与Hadoop之间的数据交换。通过Sqoop,可以有效改进数据之间的互操作性。通过它可以将关系型数据库中的数据导入Hadoop(可以导入HDFS、HBase或Hive),也可以将Hadoop平台中的数据导出到关系型数据库。Sqoop主要通过JDBC(Java DataBase Connectivity)和关系型数据库进行交互,从理论上讲,支持JDBC的关系型数据库都可以通过Sqoop和Hadoop平台进行数据交互。

2.2.9 Flume

Apache Flume是Cloudera提供的一个高可用的、高可靠的、容错性高的、可定制的、分布式的海量日志采集、聚合和传输的系统。Flume支持在日志系统中定制各类数据发送方,用于收集数据;同时,Flume提供对数据进行简单处理,并写到各种数据接受方的能力。除了日志信息,Flume也可以用来接入收集规模宏大的社交网络节点的事件数据,比如Facebook、twitter、电商网站等。

2.2.10 Ambari

Apache Ambari是一种基于Web的工具,支持Apache Hadoop集群的安装、部署、配置、管理和监控。目前,Ambari已支持大多数Hadoop组件,包括HDFS、MapReduce、Hive、Pig、HBase、Zookeeper、Sqoop等。Ambari可以通过预先配置好的关键运维指标,提供HDFS、MapReduce及相关项目是否正常运行的信息,而且支持作业与任务执行的可视化与分析,用户可以轻松、有效地查看应用程序的信息来诊断其性能特征。

2.3 Hadoop的应用

近年来,随着Hadoop社区及各大商业公司对Hadoop的改进和完善,该平台被应用于各大企业。目前,雅虎拥有全球最大的Hadoop集群,有大约25 000个节点,主要用于支持广告系统与网页搜索。Amazon的A9.com是基于Hadoop构建的一个商品搜索索引,能够提供强大的搜索功能。Facebook作为全球知名的社交网站,拥有超过3亿的活跃用户。每天都有约3 000万的用户更新自己的状态,比如上传照片、视频等。因此,为了提供更好的服务,Facebook选择Hadoop存储内部日志和多维数据,然后基于Hive等进行日志分析和数据挖掘。

国内应用和研究Hadoop的企业也在逐年增加,主要包括百度、淘宝、腾讯、网易、华为、中国移动等。淘宝的Hadoop集群比较大,拥有2 860个节点,总存储容量可以达到50 PB,日均作业数高达15万,为数据魔方、推荐系统、量子统计、排行榜等应用提供支撑。百度作为全球最大的中文搜索引擎公司,对海量数据的存储和处理要求是非常高的。因此,百度选择Hadoop进行日志的存储和统计、网页数据的分析和挖掘等。腾讯的分布式数据仓库TDW(Tencent distributed Data Warehouse)基于Hadoop和Hive而构建,突破了传统数据仓库不能进行线性扩展和可控性差的局限,并且根据腾讯数据量大、计算复杂等特定情况进行了大量优化和改造。为了满足用户日益增长的计算需求,TDW正在进行更大规模集群的建设,并向实时化、集约化方向发展。华为构建了Fusion Insight大数据平台,通过实时数据处理引擎,以事件驱动模式解决高速事件流的实时计算问题,对外提供大容量的数据存储、查询和分析能力。Fusion Insight在Hadoop集群上又封装了一层,类似于开源的CDH、HDP等大数据平台。中国移动在通信领域广泛使用Hadoop,基于MapReduce对其数据处理的分布式计算模式进行改进,采用HDFS实现分布式存储,开发了数据挖掘工具集BCPDM和“大云”数据仓库Huge Table。

根据上述各大企业基于Hadoop开展的研究和应用,可以看出Hadoop的应用主要集中在以下三个领域。

1. 构建大型分布式集群

Hadoop是一个能够运行在由廉价计算机组成的大规模集群上的软件架构，它最直接的应用就是为用户构建大型的分布式集群，提供海量数据的存储和计算服务。

2. 数据仓库

很多公司业务产生的数据(包括日志文件、图像、视频、音频等非结构化数据等)不适合存入关系型数据库，却适合存储在HDFS中，然后应用其他工具提供查询之类的服务。

3. 数据挖掘

互联网的发展促使数据量剧增，这既为数据挖掘领域制造了机会，同时也提出了挑战。一方面，人们通过互联网产生的数据可以是结构化的，也可以是半结构化的；另一方面，这些数据的存储和计算对设备提出了更高的要求。而Hadoop提供的分布式存储和分布式计算机制，能够很好地帮助数据挖掘领域的应用进行数据的预处理。

2.4 Hadoop集群环境的安装与配置

本节将介绍如何在Linux环境下安装并配置Hadoop集群环境。主要包括设置SSH免密登录、下载安装Hadoop、设置Hadoop环境变量、修改Hadoop配置文件hadoop-env. sh、修改Hadoop配置文件core-site. xml、设置yarn-site. xml文件、设置mapred-site. xml文件、设置hdfs-site. xml文件、创建并格式化HDFS目录以及启动Hadoop等10个步骤，下面将详细介绍。

2.4.1 设置SSH免密登录

1. 设置SSH无密码登录

```
sudo apt-get install ssh
sudo apt-get install rsync
```

2. 设置密码

```
ssh -keygen -t rsa        //输入密码，如"回车"
```

3. 查看密码

```
ll ~/.ssh
```

2.4.2 下载安装Hadoop

```
sudo cp /mnt/share2/hadoopspark/hadoop-2.6.4.tar.gz /home///将 Hadoop 安装包复制到/home 目录下/
sudo tar -zxvf hadoop-2.6.4.tar.gz
sudo mv hadoop-2.6.4 /usr/local/hadoop
```

2.4.3　设置 Hadoop 环境变量

1. 编辑～/.bashrc

```
sudo gedit ～/.bashrc
```

2. 输入以下内容

```
exportJAVA_HOME = /usr/java/jdk1.8.0_191
exportHADOOP_HOME = /usr/local/hadoop
exportPATH = $PATH:$HADOOP_HOME/bin
exportPATH = $PATH:$HADOOP_HOME/sbin
exportHADOOP_MAPRED_HOME = $HADOOP_HOME
exportHADOOP_COMMON_HOME = $HADOOP_HOME
exportHADOOP_HDFS_HOME = $HADOOP_HOME
exportYARN_HOME = $HADOOP_HOME
exportHADOOP_COMMON_LIB_NATIVE_DIR = $HADOOP_HOME/lib/native
exportHADOOP_OPTS = "-Djava.library.path = $HADOOP_HOME/lib"
exportJAVA_LIBRARY_PATH = $HADOOP_HOME/lib/native:$JAVA_LIBRARY_PATH
```

2.4.4　修改 Hadoop 配置文件 hadoop-env.sh

1. 编辑文件 hadoop-env.sh

```
sudo gedit /usr/local/hadoop/etc/hadoop/hadoop-env.sh
```

2. 对原文件中 JAVA_HOME 的值进行修改

```
export JAVA_HOME = $ (JAVA_HOME)
```

修改为：

```
export JAVA_HOME = /usr/java/jdk1.8.0_191
```

2.4.5　修改 Hadoop 配置文件 core-site.xml

1. 编辑文件 core-site.xml

```
sudo gedit /usr/local/hadoop/etc/hadoop/core-site.xml
```

2. 将如下内容嵌入此文件里<configuration>标签间

```
<property>
    <name>fs.default.name</name>
    <value>hdfs://localhost:9000</value>
</property>
```

2.4.6 设置 yarn-site.xml 文件

1. 编辑文件 yarn-site.xml

```
sudo gedit /usr/local/hadoop/etc/hadoop/yarn-site.xml
```

2. 将如下内容嵌入此文件里<configuration>标签间

```
<property>
    <name>yarn.nodemanager.aux-services</name>
    <value>mapreduce_shuffle</value>
</property>
<property>
    <name>yarn.nodemanager.aux-services.mapreduce.shuffle.class</name>
    <value>org.apache.hadoop.mapred.shuffleHandler</value>
</property>
```

2.4.7 设置 mapred-site.xml 文件

```
sudo cp /usr/local/hadoop/etc/hadoop/mapred-site.xml.template /usr/local/hadoop/etc/hadoop/mapred-site.xml
```

1. 编辑 mapred-site.xml

```
$ sudo gedit /usr/local/hadoop/etc/hadoop/mapred-site.xml
```

2. 将如下内容嵌入此文件里<configuration>标签间

```
<property>
    <name>mapreduce.framework.name</name>
    <value>yarn</value>
</property>
```

2.4.8 设置 hdfs-site.xml 文件

1. 编辑 hdfs-site.xml 文件

```
sudo gedit /usr/local/hadoop/etc/hadoop/hdfs-site.xml
```

2. 将如下内容嵌入此文件里<configuration>标签间

```
<property>
    <name>dfs.replication</name>          #一个大文件分成3份,备份3份
    <value>3</value>
</property>
```

```
<property>
    <name>dfs.namenode.name.dir</name>
    <value>file:/usr/local/hadoop/hadoop_data/hdfs/namenode</value>
    #namenode 目录
</property>
<property>
    <name>dfs.datanode.data.dir</name>
    <value>file:/usr/local/hadoop/hadoop_data/hdfs/datanode</value>
#DataNode 目录
</property>
```

2.4.9　创建并格式化 HDFS 目录

1. 创建 namenode、datanode 数据存储目录

(1) 创建 namenode 数据存储目录

```
sudo mkdir -p /usr/local/hadoop/hadoop_data/hdfs/namenode
```

(2) 创建 datanode 数据存储目录

```
sudo mkdir -p /usr/local/hadoop/hadoop_data/hdfs/datanode
```

2. 将 Hadoop 目录的所有者更改为 LL

```
sudo chown LL:LL -R /usr/local/hadoop
```

3. 将 HDFS 进行格式化

```
hadoop namenode -format      //仅格式化一次
```

2.4.10　启动 Hadoop

1. 启动

```
start-all.sh
```

2. 使用 jps 查看已经启动的进程

```
jps
```

如果 jps 结果如图 2-6 所示，则说明配置过程无误。

```
8800 NameNode
10646 NodeManager
10344 ResourceManager
9116 SecondaryNameNode
8942 DataNode
10750 Jps
```

图 2-6　jps 查看已启动进程结果图

小　　结

本章主要介绍了 Hadoop 的起源、Hadoop 的发展历程、Hadoop 的特性、Hadoop 的版本、Hadoop 的应用、Hadoop 的生态系统及核心组件，以及在 Linux 操作系统下安装和配置 Hadoop 集群环境的方法。

习　　题

1. 选择题

(1) 启动 Hadoop 所有进程的命令是(　　)。

A. start-hadoop. sh　　B. start-hdfs. sh

C. start-dfs. sh　　D. start-all. sh

(2) 以下关于 Hadoop 的说法错误的是(　　)。

A. Hadoop MapReduce 是针对谷歌 MapReduce 的开源实现，通常用于大规模数据集的并行计算

B. Hadoop 2.0 增加了 NameNode HA 和 Wire-compatibility 两个重大特性

C. Hadoop 的核心是 HDFS 和 MapReduce

D. Hadoop 是基于 Java 语言开发的，只支持 Java 语言编程

(3) 以下(　　)不是 Hadoop 的特性。

A. 支持多种编程语言　　B. 成本高

C. 高容错性　　D. 高可靠性

(4) 以下名词解释不正确的是(　　)。

A. Zookeeper：针对谷歌 Chubby 的一个开源实现，是高效可靠的协同工作系统

B. HDFS：分布式文件系统，是 Hadoop 项目的两大核心之一，是谷歌 GFS 的开源实现

C. Hive：一个基于 Hadoop 的数据仓库工具，用于对 Hadoop 文件中的数据集进行数据整理、特殊查询和分析存储

D. HBase：提供高可靠性、高性能、分布式的行式数据库，是谷歌 BigTable 的开源实现

(5) (多选)以下(　　)是 Hadoop 的生态系统的组件。

A. HBase　　B. Oracle　　C. HDFS　　D. MapReduce

2. 填空题

(1) Hadoop 的核心是________和________。

(2) 在 Hadoop 生态系统中，Apache HBase 是________的开源实现。

(3) 在 Hadoop 生态系统中，Apache Zookeeper 是________的开源实现。

(4) 在 Hadoop 生态系统中，Apache Hive 是一个________工具。

(5) 在 Hadoop 生态系统中，________是 Cloudera 提供的一个高可用的、高可靠的、容错性高的、可定制的、分布式的海量日志采集、聚合和传输的系统。

3. 问答题

(1) 简述 Hadoop 和谷歌的 MapReduce、GFS 等技术之间的关系。

(2) 简述 Hadoop 的特性。

(3) 举例说明 Hadoop 的应用。

4. 上机训练

安装并配置 Hadoop 集群环境。

第3章 分布式文件系统 HDFS

导言

在互联网时代，存储的数据已经快速进入 PB 级，如此大的数据存储量，早已超过单一存储节点的存储能力。在这种情况下，分布式存储技术就成为大数据时代的必然选择。谷歌开发了分布式文件系统（Google File System，GFS），通过网络实现文件在多台机器上的分布存储，较好地满足了大规模数据存储的需求。Hadoop 分布式文件系统（Hadoop Distributed File System，HDFS）是针对 GFS 的开源实现，提供了在廉价服务器集群中进行大规模分布式文件存储的能力，其具有一定的容错能力，并且兼容廉价的硬件设备。HDFS 通过并行访问提供对应用程序的高吞吐量访问，即使在硬件发生故障的情况下，也可以可靠的存储数据。HDFS 已经成为分布式存储的事实标准，用于海量日志类大文件在线存储。

本章主要介绍 HDFS 的概念、原理和应用。

本章学习目标

➢ 知识目标
- 掌握 HDFS 基本概念
- 掌握 HDFS 存储原理
- 了解 HDFS 读写过程和小文件存储问题

➢ 能力目标
- 能使用 Shell 完成文件操作
- 能运用 Java API 进行数据操作编程

3.1 HDFS 基础

3.1.1 HDFS 概述

HDFS 是 Hadoop 两大核心组成部分之一，它开源实现了 GFS 的基本思想。作为 Apache Nutch 搜索引擎的一部分，后来独立成为 Apatch 子项目，与 MapReduce 一起成为 Hadoop 核心组成部分。

HDFS 能实现下列目标。

① 硬件故障是常态。在成百上千台廉价、普通服务器组成的集群上，HDFS 实现了快速检测硬件设备故障和进行自动恢复的机制，并可以实现持续监视、错误检查、容错处理和自动恢复，保证实现数据的完整性。

② 实现大数据集。HDFS 是一个支持大型数据集的文件系统。在 HDFS 中，一个文件可

以达到吉字节级别以上,并且支持千万级别这样的文件。

③ 采用简单、一致性文件模型。即"一次写入,多次读取"。文件一旦完成写入,关闭后无法再次写入,只能读取。Hadoop 2.x 版本以后,支持在文件末尾添加数据。

④ 支持流方式数据读写。能以流方式来访问文件系统数据,更适合批量处理,而不是交互访问。

⑤ 具有跨平台兼容性。HDFS 采用 Java 语言实现,支持 JVM 的机器都可以运行。

HDFS 的局限性体现在以下三点。

① 具有较高的时间延迟。HDFS 主要用于大规模数据的批量处理,采用流式数据读取,具有较高的数据吞吐率,但是存在较高的数据延迟。

② 不适合存储大量小文件。小文件指文件大小小于一个数据块。小文件太多意味着要消耗大量的内存来保存相应的元数据,从而降低系统效率。

③ 不支持多个用户修改文件。只允许一个文件有一个写入者,并且只能对文件进行追加操作。

3.1.2　HDFS 块

与传统的文件系统一样,为了提高数据读写的效率,HDFS 同样采用了数据块(Block)的概念。也就是说,以块为单位读写数据,达到分摊磁盘寻道时间的目的。HDFS 默认一个数据块的大小是 128 M(Hadoop 1.x 为 64 M),文件被拆分成许多块,每个块作为独立的块进行存储。可以看出,HDFS 块大小大于传统文件系统的几千字节的块设计。数据块的大小可以在配置文件中更改。

HDFS 块设计的优点体现在以下两点。

① 简化了系统设计。大小固定的文件块设计,方便计算存储设计及元数据管理,且有利于大规模文件存储。一个大规模文件被拆分为若干数据块,然后通过网络分发到不同的节点进行存储,从而避免单个节点的存储容量的限制。

② 适合数据备份。每个文件块可以采用冗余存储在不同节点,提高了系统容错能力。

3.1.3　名称节点

在 HDFS 中,名称节点(NameNode)负责管理分布式文件系统的命名空间(Namespace),具体包含 FsImage 和 EditLog 两个核心数据结构。FsImage 用于维护文件系统树及文件树中所有文件和文件夹的元数据;文件 EditLog 记录所有针对文件的创建、删除、重命名等操作。

名称节点记录的有关文件的信息,并不持久化存储,在系统每次启动时需要扫描所有数据节点进行重构。名称节点启动时,将 FsImage 加载到内存,然后执行 EditLog 中的各项操作,使得内存中的元数据保存最新。接下来创建一个新的 FsImage 文件和一个空的 EditLog 文件。名称节点在启动过程中处于"安全模式",只能对外提供读操作,无法提供写操作;启动结束后,进入正常运行状态,可以提供写操作。

名称节点启动完成后,HDFS 中更新操作都被写入 EditLog 中,而不是直接写入 FsImage,从而避免了系统效率的降低。一般来讲,EditLog 远远小于 FsImage,更新操作写入 EditLog 的效率非常高。

3.1.4 数据节点

数据节点(DataNode)是 HDFS 系统真正存放数据的地方,负责数据的存储和读取,能根据客户端或名称节点的调度进行数据的存储和检索,并且向名称节点定期发送所存储文件块的列表。每个数据节点中数据会被保存在节点的本地 Linux 文件系统中。

3.1.5 第二名称节点

第二名称节点(SecondaryNameNode)用于帮助名称节点管理元数据,但不是第二个名称节点,仅是名称节点的辅助工具。为了解决 EditLog 逐渐变大带来的问题,HDFS 在设计中采用了第二名称节点。其功能包括:可以完成 EditLog 与 FsImage 的合并操作,减少 EditLog 文件大小,缩短名称节点重启时间;可以作为名称节点的"检查点",保存名称节点中的元数据信息。

EditLog 与 FsImage 合并操作。首先,每隔一段时间,第二名称节点会和名称节点通信,请求停止使用 EditLog 文件,暂时将新到达的写操作添加到 EditLog. new 文件中。然后,第二名称节点把名称节点中的 FsImage 文件和 EditLog 文件读取到本地,并加载到内存;对二者执行合并操作,即在内存中逐条执行 EditLog 中操作,使得 FsImage 保持最新。合并结束后,第二名称节点会把合并后的最新的 FsImage 发送到名称节点。名称节点将收到的 FsImage 文件替换原来的 FsImage 文件,同时将 EditLog. new 文件替换 EditLog 文件,从而使 EditLog 文件变小。

作为名称节点的"检查点"。第二名称节点定期和名称节点通信,从名称节点获取 FsImage 和 EditLog 文件,执行合并操作得到新的 FsImage 文件,可以理解为为名称节点设置一个"检查点",相当于周期性地备份名称节点中的元数据信息。当名称节点发生故障时,就可以用第二名称节点中记录的元数据信息进行系统恢复,但是会丢失部分元数据信息。所以第二名称节点不能起到"热备份",只是起到"检查点"的作用。

3.1.6 HDFS 体系架构

HDFS 是一个典型的主从(Master/Slave)结构模型的分布式系统(如图 3-1 所示)。一个 HDFS 集群包括一个名称节点和若干个数据节点。名称节点作为主节点,负责管理文件系统的命名空间及客户端对文件的访问。集群中的数据节点是从节点,一般是一个节点运行一个数

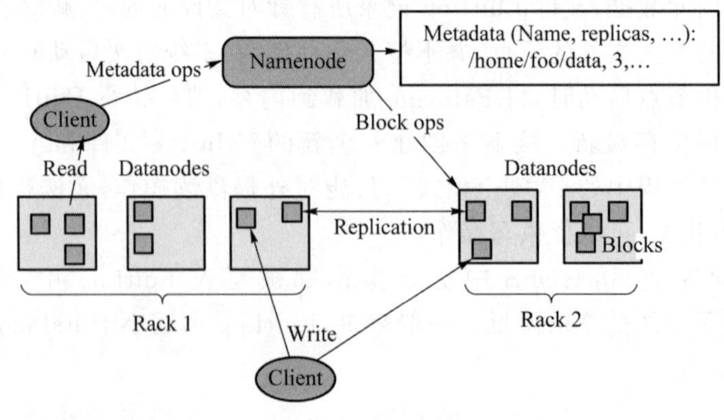

图 3-1 HDFS 系统架构

据节点进程，负责处理客户端对文件系统的读写请求，在名称节点的统一调度下进行数据块的创建、删除和复制等操作。每个数据节点会周期性地向名称节点发送“心跳”信息，报告自己的状态。没有按时发送“心跳”信息的数据节点会被标记为“宕机”，不会再分配任何 IO 请求。

HDFS 的命名空间包含目录、文件和块。命名空间管理是对 HDFS 中目录、文件和块做类似文件系统的创建、修改、删除等基本操作。整个 HDFS 集群中只有一个命名空间，并且只有一个名称节点，负责对命名空间进行管理。

HDFS 使用的是传统的分级文件体系，因此用户可以像使用普通文件系统一样，创建、删除目录和文件，在目录间移动文件、重命名文件等。但没有实现文件访问权限等功能。

HDFS 作为一个分布式文件系统，需要网络的支持，其网络是建立在 TCP/IP 协议基础上。客户端通过一个可配置的端口向名称节点发起 TCP 连接，并使用客户端协议与名称节点进行交互。名称节点与数据节点之间使用数据节点协议进行交互，具体通过 RPC(Remote Procedure Call)来实现。设计上，名称节点响应来自客户端和数据节点的 RPC 请求。

用户在使用 HDFS 时，使用文件名存储和访问文件。在系统内部，一个文件会被分成若干个数据块，这些数据块被分别存储到不同的数据节点上。当客户端需要访问一个文件时，首先把文件名发送给名称节点，名称节点根据文件名找到数据块；然后根据数据块信息找到数据节点，并把数据节点的位置信息发送给客户端；最后客户端直接访问这些数据节点获取数据。在整个过程中，名称节点不参与数据传输。这种设计方式可以实现在不同的数据节点上的并发访问，提高了数据访问效率。

3.1.7 HDFS 元数据管理机制

HDFS 将一个数据文件存储到多个块中，因此与传统文件系统相比，其与每个数据文件相关的元数据非常复杂，管理这些数据文件的内部结构也变得更加复杂。每个数据文件都包含着文件位置的目录地址、对文件所有者和组的权限以及从文件中拆分的块的存储位置等多种元数据。HFDS 使用一个 FSImage 系统文件和一个 Edit Log 日志文件进行集群元数据的管理，此外，其还维护了几个单独的 XML 文件用于集群的配置和管理。

作为文件系统的映像文件，FSImage 存储了包括文件和目录的位置、ACL(access control list)和文件块信息等元数据信息。FSImage 类似于 Linux 系统中的 inode 信息，可以被视为管理 inode 信息的主要元数据文件，其中包含 HDFS 系统的状态信息。因此，许多控制台命令是通过引用 FSImage 的元数据来处理的。Edit Log 是一个日志文件，它收集最近一次 FSImage 更新后 HDFS 中发生的每个操作，并与 FSImage 文件一起用于系统监视和备份。通过使用 EditLog 文件，可以跟踪 HDFS 中发生的所有事件并获取最新的元数据信息，这些元数据信息反映了最新的文件和系统状态。基于这两个文件，文件和目录的元数据以类似于 Linux 中 inode 的方式进行管理，并加载到名称节点服务器的主内存中。HDFS 可以使用这些内存中的元数据检索当前用户正在访问的文件、目录和块。除了 FSImage 和 EditLog 文件以外，还有一些 XML 文件用于 HDFS、YARN、Map Reduce 和 KMS(Key Management System)等各种系统配置。

XML 配置文件包括以下五种。

① 集群配置：core-site. xml、hadoop-policy. xml。

② HDFS 配置：hdfs-site. xml、https-site. xml。

③ YARN 配置：yarn-site. xml、capacity-scheduler. xml。

④ Map Reduce 配置:mapred-site. xml。

⑤ KMS 配置:kms-acls. xml、kms-site. xml。

其中,core-site. xml、hdfs-site. xml、yarn-site. xml、mapred-site. xml 和 kms-site. xml 五个 XML 文件管理与网络相关的元数据,如节点的配置网络、端口号和服务器名称。站点信息通常包含初始 Hadoop 安装所需的强制配置参数,如果更改了这些元数据信息,需要重新启动 Hadoop。集群配置中的 hadoop-policy. xml 管理 Hadoop 和其他服务。

3.2 HDFS 存储原理

3.2.1 数据存放

普通文件系统只需要单个计算机节点,该节点由处理器、内存、高速缓存与本地硬盘组成。分布式文件系统把数据存储到多个计算机节点上,若干个计算机节点构成集群。

HDFS 作为一个分布式文件系统,为了保证系统的容错性和可用性,采用了多副本方式对数据进行冗余存储,每个数据块默认有三个数据块。一个数据块的多个副本分布到不同数据节点上。

这种冗余存储的优点体现在以下三点。

① 提高查询速度。当多个客户端需要访问同一文件时,可以通过访问不同的副本提高查询速度。

② 检查数据错误。可以通过比较不同副本之间的内容,验证数据传输的正确性。

③ 提高系统可靠性。保证即使个别数据节点出现故障,也能不会造成数据丢失。

HDFS 采用了以机架(Rack)为基础的数据存放策略。一个 HDFS 集群一般包含多个机架,不同机架之间的计算机数据通信需要经过交换机或路由器完成。机架内的计算机之间的网络速度通常都会高于跨机架计算机之间的网络速度,并且机架之间计算机的网络通信通常受到上层交换机间网络带宽的限制。

HDFS 默认每个数据节点都是在不同的机架上,这样不能充分利用机架内部的带宽,优点是系统的可靠性高,可以在不同机架并行读取数据,能提高数据读取速度,更容易实现负载平衡及错误处理。

HDFS 默认的数据块冗余因子是 3,每一个文件块会被同时保存到 3 个节点。其中,两份副本在同一机架的不同计算机上,第三副本在不同机架的计算机上。具体如下。

- 如果集群内发起写操作请求,则把第一个副本放置在发起写操作请求的数据节点上,实行就近写入数据。如果是来自集群外部写操作请求,则从集群内部挑选一台磁盘空间富余、CPU 不太忙的数据节点作为第一副本的存放处。
- 第二副本会被放置在与第一副本不同的机架的数据节点上。
- 第三副本会被放置在与第一副本相同的机架的其他节点上。
- 如果还有更多的副本,则继续从集群中随机选择数据节点存放。

3.2.2 数据读取与复制

可以通过 API 确定数据节点的机架 ID,同时也可以获取客户端自己所属的机架 ID;当客户端读取数据时,从名称节点获得数据块的副本存放位置列表,从而可以确定副本所在节点的机架 ID。当发现某个数据块副本的机架 ID 与客户端对应的机架 ID 相同时，就优先选择该副本读取，否则就随机选择一个副本读取数据。

HDFS 的数据复制采用流水线复制的策略。当客户端要向 HDFS 系统中写入文件时，这个文件会首先写入本地节点，并被分成若干个块，每个块的大小是由 HDFS 的设定值来决定。每个块都向名称节点发出写请求，名称节点根据节点实际使用情况，选择一个节点列表返回给客户端。客户端收到节点列表后，首先将数据写入列表第一个数据节点，同时把列表传给第一个节点；当第一个数据节点收到 4K 数据时，写入本地，并且向第二个数据节点发出连接请求，把已经收到的 4K 数据及节点列表发给第 2 个数据节点；当第 2 个数据节点收到 4K 数据后，写入本地，并向第 3 个数据节点发起连接请求。依次操作，形成一个数据复制的流水线，直到文件写完和数据复制完成。

3.2.3 容错机制

HDFS 具有较高的容错性，兼容廉价的硬件，并且在系统设计时，就把硬件出错看成常态，并具备相应的检测机制和自动恢复机制。

1. 名称节点出错

名称节点保存了系统全部的元数据信息，其中核心的数据结构是 FsImage 和 EditLog，如果这两个文件发生损坏，整个 HDFS 实例将失败。有以下两种机制解决该问题。

① 把名称节点上的元数据同步保存到其他文件系统。

② 利用第二名称节点。当名称节点宕机时，可以利用第二名称节点中元数据信息进行系统恢复，但是可能会丢失部分信息。一般结合上述两种方式，一旦名称节点发生宕机，就将远程备份的数据存放到第二名称节点进行恢复，并把第二名称节点作为名称节点使用。

2. 数据节点出错

HDFS 是一个典型的主从(Master/Slave)结构模型的分布式系统。集群系统中每一个数据节点都会定期向名称节点发送“心跳”信息，向名称节点报告自己的状态。当数据节点发生故障，或者网络中断，名称节点就会无法按时收到相应数据节点的“心跳”信息，于是这些数据节点就会被标记为“宕机”，对应这些节点的数据被标记为“不可读”。这时，可能出现一些数据块的副本数量小于冗余因子。名称节点通过定期检查这种情况，一旦出现副本数量小于冗余因子，就会自动启动数据冗余复制，从而生成新的副本。HDFS 可以调整冗余数据的位置。

3. 数据传输或磁盘读写出错

客户端通过 md5 和 sha1 对数据进行校验，来保证读取到正确的数据。当文件被创建时，客户端就会对每一个文件块产生信息摘要，并把这些信息写入同一路径的隐藏文件里。当客户端读取文件时，会先读取该信息文件，然后利用该信息文件对每个读取的数据块进行校验；如果校验出错，客户端就会请求另一个数据副本，并向名称节点报告这个文件块有错误，名称节点会定期检查并且重新复制这个数据块。

3.3 HDFS 的数据读写过程

HDFS 文件读写流程中有三个关键角色：名称节点、数据节点和客户端。其中，名称节点是整个过程的核心。

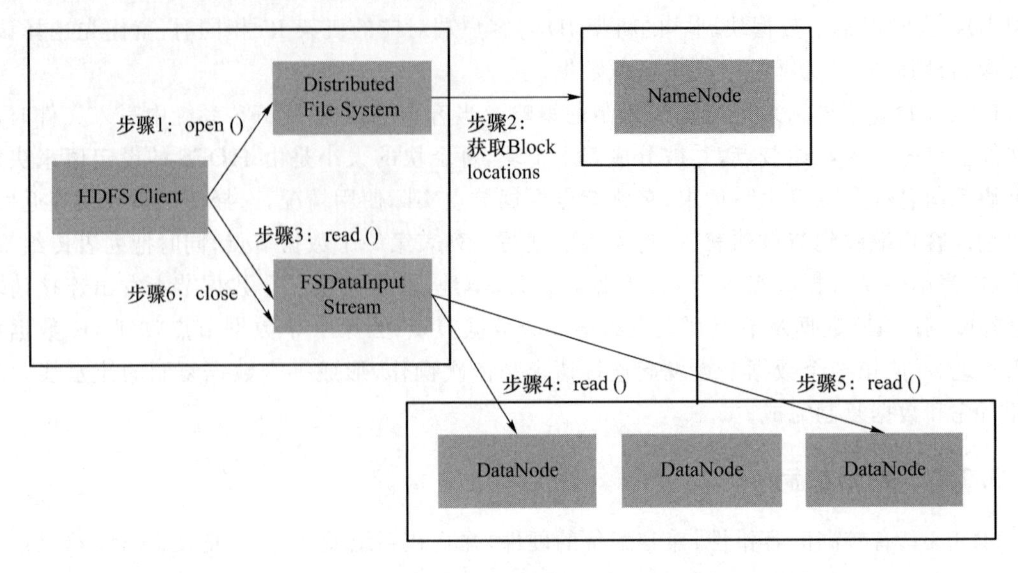

图 3-2　文件读取过程

3.3.1　读数据过程

如图 3-2 所示，HDFS 的文件读取过程包含以下步骤。

步骤 1：Client 调用 File System 对象的 open()方法，在这里获取到一个 Distributed File System 的实例。

步骤 2：File System 对象通过远程过程调用协议 RPC(Remote Procedure CallProtocol，RPC)向 Name Node 发送请求，获取文件的 Block 信息以及 Block 的位置信息(Block locations)。同一个 Block 可以返回多个位置信息，这些位置信息根据 Hadoop 的拓扑规则排序，距离 Client 近的排序靠前。

步骤 3：File System 对象通过上一步生成的位置信息序列，返回一个输入流对象 FSData Input Stream，用于读取数据和文件位置的定位。为了方便管理 Name Node 和 Data Node 数据，将 FSData Input Stream 封装成一个 DFSInput Stream 对象。随后，Client 调用 read()函数，DFSInput Stream 对象就可以找到距离最近的 Data Node 与之连接请求读取数据。

步骤 4：Data Node 收到数据读取请求，将数据传送至 Client。

步骤 5：当最近的 Block 的数据传送完毕后将这个连接通道关闭，与下一个 Block 相连，继续读取数据。需要注意的是，这些操作对于 Client 是隐形的，从 Client 的角度看不存在通道的关闭与重新连接，读取这些数据是一个持续的传送过程。

步骤 6：如果所获取到的 Block 均读取完毕，DFSInput Stream 会继续执行步骤 2，然后重复后续操作。直到所有的 Block 被读完，此时关闭所有数据流。读取操作结束。

3.3.2　写数据过程

用户通过客户端写入数据的过程如图 3-3 所示，HDFS 的文件写入过程包含以下步骤。

步骤 1：Client 调用 Distributed File System 中的 create()，在 HDFS 中新建一个文件。

步骤 2：通过 RPC 调用 Name Node，在其中新建一个不需要 Block 关联的文件，存储在 Name Space 中。需要注意的是，Name Node 会对当前新建文件进行判断，判断内容主要有：

该文件是否与已有文件重复，系统是否有权限进行新建操作。任意一项验证不通过，系统会向用户提示异常。

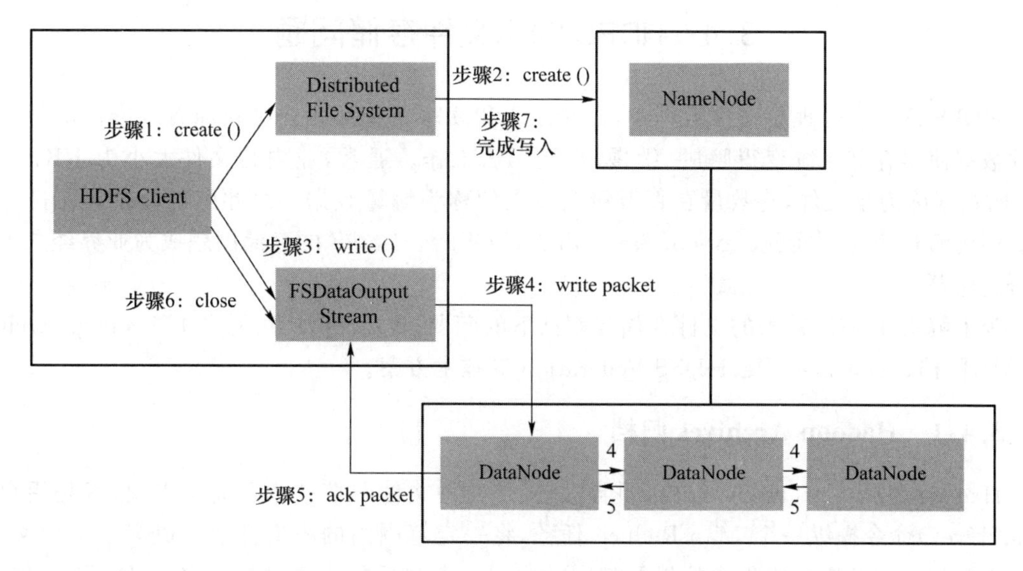

图 3-3　文件写入过程

步骤 3：File System 对象完成前两步之后，与读取文件的步骤类似。系统会返回一个输出流对象 FSData Output Stream，为了方便管理 Name Node 和 Data Node 数据流，将 FSData Output Stream 封装成一个 DFSOutput Stream。封装后的数据流对写入文件进行处理，将它们切分成一个一个的 Packet，然后按顺序排列成 data queue。

步骤 4：Data Streamer（线程）根据步骤 3 的顺序为队列中的 Packet 寻找合适的存储位置。Name Node 收到存储请求，返回当前数据包需要存储的 Data Node 数，将其排列成一个 pipeline。之后，Data Streamer 依次向 pipeline 中输入数据，直到当前 Packet 完成写入。

步骤 5：DFSOutput Stream 有一个由切分的 Packet 组成的确认包队列（ack queue），当 pipeline 中所有被分配的 Data Node 都成功写入数据后，ack queue 自动清除自身的 Packet。

步骤 6：直到所有的 Block 被写完，此时关闭所有数据流。

步骤 7：Data Streamer 收到 ack queue 自动清除信号，表示当前文件已完成写入；通知 NameNode 关闭文件，完成一次正常的写文件过程。

在数据写入过程中，如果某个 DataNode 出现故障导致写入失败，DataStream 到此节点的连接将关闭，故障节点将从 DataNode 链中删除，其他 DataNode 的写入操作继续完成。NameNode 会通过返回的信息发现某个 DataNode 的写入没有完成，将分配另一个 DataNode 来完成此数据块的写入。

在这里可以将 NameNode 想象成一个仓库管理员，管理仓库商品；将 DataNode 想象成一个仓库，用于存储商品；将商品想象成数据。仓库管理员只有一个，而仓库可以有多个。当需要从仓库获取商品时，首先咨询仓库管理员，获得其同意，并且得到商品在仓库的位置，然后根据位置信息直接去货架获得商品。当需要向仓库存放商品时，同样需要先咨询仓库管理员，获得仓库管理员的同意，并且得到商品可以存放的位置，然后根据位置信息直接去对应的仓库中存放商品。

用户可以使用多种客户端对 HDFS 发起读/写操作，包括命令行接口、代码 API 接口及浏览器接口。使用非常方便,不需要考虑 HDFS 的内部实现。

3.4　HDFS 的小文件存储问题

HDFS 系统在处理小文件数据时,存储性能和读写效率都无法维持原有水准。海量的小文件数据使得存储系统变得臃肿、缓慢,甚至无法工作。通常,业内将文件大小为 1 KB～10 MB 的数据称为小文件,将数量在百万级及以上的称为海量数据。由此引出分布式文件存储系统中的海量小文件问题(Lots of Small Files,LOSF)。LOSF 的存储问题成为业界经久不衰的研究课题。

为了解决 LOSF 带来的文件存储效率低下的问题,Hadoop 社区提出了 Hadoop Archive (HAR)归档、Sequence File、HDFS Federation 等技术方案。

3.4.1　Hadoop Archives 归档

Hadoop Archives(HAR)归档,顾名思义,是一种文件归档技术。简单来说,就是用户通过 archive()命令操纵一个 Map Reduce 任务,将一定范围内的小文件合并成为一个大文件,这个大文件中包括原始文件数据以及相应的索引。合并后的大文件被命名为 HAR 文件,然后传送给 HDFS 进行存储(如图 3-4 所示)。

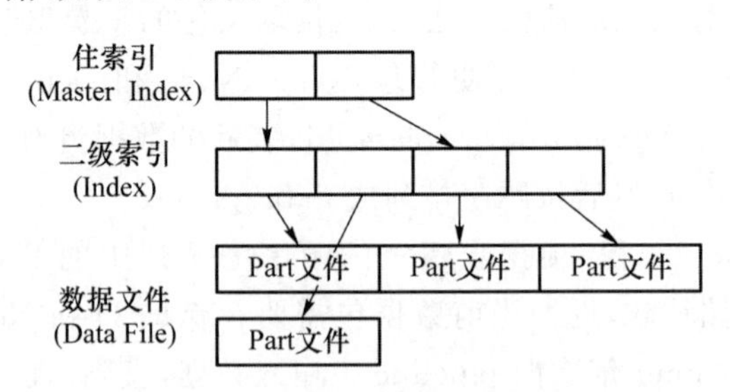

图 3-4　HAR 文件结构图

一个 HAR 文件中包含原始的小文件数据,这里每个小文件被标记为一个 Part 文件,以及一层主索引和一层二级索引信息。索引文件的作用是在读取文件时,方便进行查找和定位。

用户可以便捷地通过一个"HAR://URL"的命令格式对 HAR 文件中的 Part 文件进行操作。

3.4.2　Sequence File

Sequence File 方案也是一种常见的小文件存储解决方案。核心原理依旧是将小文件合并成大文件,但存储结构不同。Sequence File 方案将其内部的小文件名及小文件内容一一对应转化为 Key-Value 形式的数据。文件名是 Key,文件内容是 Value(如图 3-5 所示)。

数据文件 (Data File)	键 (Key)	值 (Value)	键 (Key)	值 (Value)	…	…	键 (Key)	值 (Value)

图 3-5　Sequence File 存储结构图

Sequence File 方案的存储结构在节省系统节点内存的基础上,考虑到多层索引带来的读取时间增加问题,使用了扁平化的 Key-Value 索引。但这也是问题所在,Key-Value 形式的数据并没有建立真实的索引。虽然读取排位靠前的文件内容时间大大降低，但是读取随机文件时，必须遍历整个 Key-Value 序列才能找到目标文件，反而降低了系统的文件读取效率。

3.4.3　Map File

Map File 方案在 Sequence File 方案的基础上加入了真正的索引文件(如图 3-6 所示)。一个完整的 Map File 中除了大量 Key-Value 形式的数据，还包括小文件的索引文件，其中一部分小文件的文件名和文件的偏移值共同组成了 Map File 的索引文件。提前预取这部分文件，可以在读取小文件时，快速地定位文件位置。相比 HAR 归档方案减少了一层索引，降低了文件查询时间；相比 Sequence File 方案，增加了真实索引，提高了文件查询效率。

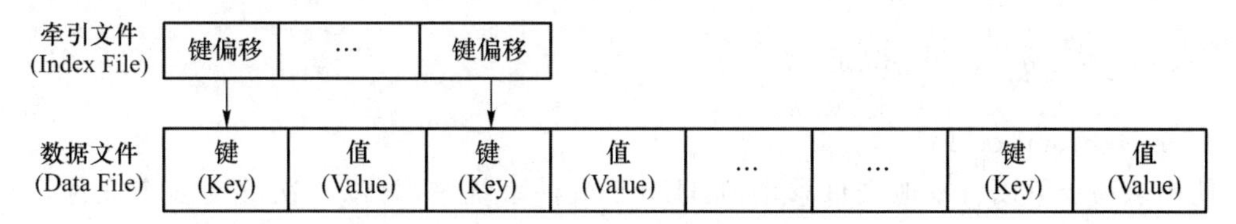

图 3-6　Map File 存储结构图

3.5　HDFS 编程实践

3.5.1　HDFS 命令行基本操作

HDFS 命令行接口类似传统的 shell 命令，可以通过命令行与 HDFS 系统交互，从而对系统中文件进行读取、移动和创建等操作。

命令行接口的格式如下。

```
$ bin/hadoop fs - 命令 文件路径
```

或者如下。

```
$ bin/hdfs dfs - 命令 文件路径
```

hadoop fs 或 hdfs dfs 命令可以列出 HDFS 支持的命令列表。执行以下命令可以列出所有 HDFS 支持的命令及解析。

```
$ bin/hdfs dfs - help
```

也可以使用下列格式查看一个命令的详细解析。

```
$ bin/hdfs dfs - help 命令名称
```

下面介绍 HDFS 系统的常用命令，如果没有配置 Hadoop 的系统 PATH 变量，则需要进入 $ HADOOP_HOME/bin 目录中执行。

1. ls

使用该命令可以查看 HDFS 系统中的目录和文件。例如,查看 HDFS 文件系统根目录下的目录,命令如下。

```
$ hadoopfs  -ls  /
$ hadoop fs  -ls  <path>,显示<path>指定的文件的详细信息。
$ hadoop fs  -ls  -R <path>,ls 命令的递归版本。
```

2. put

使用该命令可以将本地文件上传到 HDFS 系统中。例如,将本地当前目录下的文件 w. txt上传到 HDFS 文件系统根目录的 input 文件夹中,命令如下。

```
$ hadoop fs  -put w.txt /input/
```

3. moveFromLocal

使用该命令可以将本地文件移动到 HDFS 文件系统中,可以一次移动多个文件,与 put 命令类似。所不同的是,该命令执行后源文件将被删除。例如,将本地文件 w. txt 移动到 HDFS 根目录的 input 文件夹中,命令如下。

```
$ hadoop fs  -moveFromLocal w.txt /input/
```

4. get

使用该命令可以将 HDFS 文件系统中的文件下载到本地,注意下载时的文件名不能与本地文件名相同,否则会提示文件已经存在。下载多个文件或目录到本地时,要将本地路径设置为文件夹。例如,将 HDFS 根目录的 input 文件夹中的文件 w. txt 下载到本地当前目录,命令如下。

```
$ hadoop fs  -get /input/w.txt w.txt
```

需要注意,用户对当前目录有读写权限。

5. rm

使用该命令可以对 HDFS 系统的文件或文件夹进行删除。每次可以删除多个文件或目录。例如,删除 HDFS 文件系统中根目录的 input 文件夹下的 w. txt,命令如下。

```
$ hadoop fs  -rm /input/w.txt
```

递归删除 HDFS 根目录下的 out 文件夹及该文件夹下的全部内容,命令如下。

```
$ hadoop fs  -rm -r /out
```

6. mkdir

使用该命令可以在 HDFS 文件系统中创建文件或目录。例如,在 HDFS 根目录下创立文件夹 wdir,命令如下。

```
$ hadoop fs  -mkdir/wdir/
```

7. cp

使用该命令在 HDFS 系统中复制文件。例如，将/wout/w. txt 复制到/wout/x. txt，命令如下。

```
$ hadoop fs  -cp /wout/w.txt /wout/x.txt
```

8. mv

使用该命令可以在 HDFS 系统中移动文件。例如，将/wout/w. txt 移动到/wout/y. txt。

```
$ hadoop fs  -mv /wout/w.txt /wout/x.txt
```

9. appendToFile

使用该命令可以将本地单个文件或多个文件追加到 HDFS 系统中文件。例如，将本地当前目录中的文件 w. txt 追加到 HDFS 系统的/wout/x. txt 文件中，命令如下。

```
$ hadoop fs  - appendToFile w.txt /wout/x.txt
```

也可以一次追加多个本地系统文件，要求多个文件用空格隔开。

10. cat

使用该命令可以查看并输出 HDFS 系统一个或多个文件中的内容。例如，查看 HDFS 系统中文件/wout/w. txt 所有内容，命令如下。

```
$ hadoop fs  -cat /wout/w.txt
```

注意：在使用 HDFS 命令操作文件时，HDFS 中的文件或目录的路径必须写绝对路径，而本地系统的文件或目录可以写相对路径。

3.5.2　HDFS Java API 操作

使用 HDFS Java API 可以远程对 HDFS 系统中的文件进行新建、删除、读取等操作。

1. 读取数据

FileSystem 是 HDFS Java API 的核心工具类。该类是一个抽象类，封装了很多操作文件的方法，使用这些方法可以操作 HDFS 中文件。例如，读取 HDFS 文件系统根目录下的一个文件 file. txt，代码如下。

```
import java .io.InputStream;
import org.apache.hadoop.conf.Confiuration;
import org.apache.hadoop.fs.FileSystem;
import org.apache.hadoop.fs.Path;
import org.apache.hadoop.io.IOUtils;
/*
查询 HDFS 文件内容并输出
*/
public class FileSystemCat {
public static void main(String[] args) throws Exception {
  Configuration conf = new Configuration();
```

```
  //设置 HDFS 访问地址
  conf.set("fs.default..name","hdfs://192.168.170.133:9000");
  //取得文件系统实例
FileSystem fs = new FileSystem.get(conf);
//打开文件输入流
InputStream in  = fs.open(new Path(hdfs:/wfile.txt));
//输出文件内容
IOUtils.copyBytes(in,System.out,4096,false);
//关闭输入流
IOUtils.closeStream(in);
}
}
```

2. 创建目录

使用 FileSystem 创建目录的方法 mkdirs(),可以创建未存在的目录。代码如下。

```
import java . io. IOException;;
import org.apache.hadoop.conf.Confiuration;
import org.apache.hadoop.fs.FileSystem;
import org.apache.hadoop.fs.Path;
/*
创建 HDFS 目录
 */
public class CreateDir{
  public static void main(String[] args){
    Configuration conf = new Configuration();
  //设置 HDFS 访问地址
  conf.set("fs.default..name","hdfs://192.168.170.133:9000");
  //取得文件系统实例
  FileSystem fs = new FileSystem.get(conf);
  //创建目录
  boolean ok = fs.mkdirs(new Path("hdfs:/wdir"));
  if(ok){
    System.out.println("创建目录成功!");
  }else{
    System.out.println("创建目录失败!");
  }
  fs.close();

}


}
```

3. 创建文件

使用 FileSystem 的创建文件方法 create()，可以在 HDFS 文件系统的指定路径创建文件。代码如下。

```
/*
创建文件
 */
Configuration conf = new Configuration();
conf.set("fs.default.name","hdfs://192.168.170.233:9000");
FileSystem fs = FileSystem.get(conf);
//打开输出流
FSDataOutPutStream outputStream = fs.create(new Path("hdfs:/newfile.txt"));
//写入文件内容
outputStream.write("文件内容".getBytes());
outputStream.close();
fs.close();
System.out.println("文件创建成功");
```

4. 删除文件

删除文件代码如下。

```
Configuration conf = new Configuration();
conf.set("fs.default.name","hdfs://192.168.170.233:9000");
FileSystem fs = FileSystem.get(conf);
Path path = new Path("hdfs:/newfile.txt");
boolean isok = fs.deleteOnExit(path);
```

5. 遍历文件和目录

可以使用 FileSystem 的 listStatus 方法，对 HDFS 文件系统中指定路径下的所有目录和文件进行遍历。代码如下。

```
private static FileSystem fs;
public static void main(String[] args){
  Configuration conf =  new Configuration();
  conf.set("fs.default.name","hdfs://192.168.170.133:9000");
  fs = FileSystem.get(conf);
  //遍历 HDFS 文件与目录
  FileStatus[] sts = fs.listStatus(new Path("hdfs:/"));
  If(sts.length>0){
    for(FileStatus f:sts){
      showDir(f);
    }
  }
}
```

```
private static void showDir(FileStatus sts) throws Exception{
  Path path = sts.getPath();
  //输出文件或目录的路径
  System.out.println(path);
  //如果是目录,则遍历该目录下子目录或文件
  If(sts.isDirectory()){
    FileStatus[] f = fs.listStatus(path);
    If(f.length > 0){
        For(FileStatus file:f){
          showDir(file);
        }
    }
  }
}
```

6. 获取文件或目录的元数据

使用 FileSystem 的 getFileStatus()方法,可以获得 HDFS 文件系统中的文件或目录的元数据信息,包括文件路径、文件修改日期、文件上次访问日期、文件长度、文件备份数、文件大小等。代码如下。

```
import java.sql.Timestamp;
import org.apache.hadoop.conf.Configuration;
import org.apache.hadoop.fs.FileStatus;
import org.apache.hadoop.fs.FileSystem;
import org.apache.hadoop.fs.Path;
/*
获取文件或目录的元数据信息
 */
public class FileStatusShow{
  public static void main(String[] args){
    //创建 Configuration 对象
    Configuration conf = new Configuration();
    //设置访问地址
    conf.set("fs.default.name","hdfs://192.168.170.133:9000");
    //取得文件系统实例
    FileSystem fs  =  FileSystem.get(conf);
    FileStatus fileStatus = fs.getFileStatus(new Path("hdfs:/file.txt"));
    //判断是文件夹还是文件
    If(fileStatus.isDirectory()){
      System.out.println("是文件夹");
    }else{
      System.out.println("是文件");
    }
```

```
        //输出元数据信息
        System.out.println("文件路径:" + fileStstus.getPath());
        System.out.println("文件修改日期:" + new Timestamp(fileStatus.getModificationTime()).
toString());
        System.out.println("文件上次访问日期:" + new Timestamp(fileStatus.getAccessTime()).
toString());
        System.out.println("文件长度:" + fileStatus.getLen());
        System.out.println("文件备份数:" + fileStatus.getReplication());
        System.out.println("文件块大小:" + fileStatus.getBlockSize());
        System.out.println("文件所有者:" + fileStatus.getOwner());
        System.out.println("文件所在分组:" + fileStatus.getGroup());
        System.out.println("文件权限:" + fileStatus.getPermisssion().toString());
    }
  }
```

7. 上传本地文件

可以使用 FileSystem 的 copyFromLocalFile()方法,将本地文件上传到 HDFS 文件系统中。代码如下。

```
    //创建配置器
    Configuration conf = new Configuration();
    conf.set("fs.default.name","hdfs://192.168.170.133:9000");
    //取得文件系统实例
    FileSystem fs = FileSystem.get(conf);
    //创建文件系统路径
    Path src = new Path("D://copy.txt");//本地路径
    Path dst = new Path("hdfs:/");//HDFS 目录
    //复制上传文件
    fs.copyFromLocalFile(src,dst);
    System.out.println("文件上传成功");
```

8. 下载文件

可以使用 FileSystem 的 copyToLocalFile()方法。例如,已知 fs 是文件实例,src 是 HDFS 路径,dst 是本地路径,则代码如下。

```
    fs.copyToLocalFile(false,src,dst,true);
```

3.5.3　HDFS Web 界面操作

Hadoop 集群启动后,可以通过浏览器 Web 界面查看 HDFS 集群的状态信息。访问 IP 为 NameNode 所在服务器的 IP 地址,访问端口默认为 50070。例如,如果 NameNode IP 地址为 192.168.1.10,则 HDFS Web 界面的访问地址为//192.168.1.10:50070。

HDFS 的 Web 界面首页中包含了文件系统基本信息(如系统启动时间,Hadoop 的版本号、Hadoop 的源码编译时间、集群 ID 等),以及 HDFS 磁盘存储空间、已经使用的空间、剩余空间等信息。

我们还可以浏览 HDFS 系统的文件目录结构、权限、拥有者、文件大小、最近更新时间和副本数。

从 HDFS Web 界面可以直接下载文件。

小　结

本章主要描述了 HDFS 的基础概念、存储原理、读写数据的过程以及如何运用 Shell 命令、JavaAPI 进行数据操作。

由于大规模数据处理的需要使得分布式文件系统得到了重视和发展，而 HDFS 作为 GFS 的开源实现，得到了广泛应用。作为分布式集群系统，HDFS 具有兼容廉价设备、流数据读写、大数据集、简单文件模型和跨平台兼容的特点。HDFS 的局限性表现为不适合低延迟数据访问及小文件存储等。

HDFS 采用主从系统架构，一个 HDFS 集群包括一个名称节点（主节点）和若干个数据节点（从节点）。名称节点负责管理文件系统的命名空间，维护文件系统的元数据。数据节点负责保存数据。

Shell 命令和 Java API 是应用 HDFS 的两个重要接口。

习　题

1. 选择题

(1) HDFS 的命名空间不包含(　　)。

A. 目录　　B. 块　　C. 字节　　D. 文件

(2) 对 HDFS 通信协议的理解错误的是(　　)。

A. 客户端通过一个可配置的端口向名称节点主动发起 TCP 连接，并使用客户端协议与名称节点进行交互

B. 客户端与数据节点的交互是通过 RPC(Remote Procedure Call)来实现的

C. 名称节点和数据节点之间则使用数据节点协议进行交互

D. HDFS 通信协议都是构建在 IoT 协议基础之上的

(3) 采用多副本冗余存储的优势不包含(　　)。

A. 容易检查数据错误　　B. 加快数据传输速度

C. 节约存储空间　　D. 保证数据可靠性

(4) 假设已经配置好环境变量，启动 Hadoop 和关闭 Hadoop 的命令分别是(　　)。

A. start-dfs. sh，stop-dfs. sh　　B. start-hdfs. sh，stop-hdfs. sh

C. start-dfs. sh，stop-hdfs. sh　　D. start-hdfs. sh，stop-dfs. sh

(5) 分布式文件系统 HDFS 采用了主从结构模型，由计算机集群中的多个节点构成的，这些节点分为两类，一类存储元数据叫，另一类存储具体数据叫(　　)。

A. 名称节点，数据节点　　B. 名称节点，主节点

C. 从节点，主节点　　D. 数据节点，名称节点

(6) 下面关于分布式文件系统 HDFS 的描述正确的是(　　)。

A. 分布式文件系统 HDFS 是 Google Bigtable 的一种开源实现
B. 分布式文件系统 HDFS 是一种关系型数据库
C. 分布式文件系统 HDFS 是谷歌分布式文件系统 GFS(Google File System)的一种开源实现
D. 分布式文件系统 HDFS 比较适合存储大量零碎的小文件

(7)(多选)以下对名称节点理解正确的是(　　)。
A. 名称节点用来负责具体用户数据的存储
B. 名称节点的数据保存在内存中
C. 名称节点作为中心服务器,负责管理文件系统的命名空间及客户端对文件的访问
D. 名称节点通常用来保存元数据

(8)(多选)以下对数据节点理解正确的是(　　)。
A. 数据节点的数据保存在磁盘中
B. 数据节点用来存储具体的文件内容
C. 数据节点通常只有一个
D. 数据节点在名称节点的统一调度下进行数据块的创建、删除和复制等操作

(9)(多选)HDFS 只设置唯一一个名称节点带来的局限性包括(　　)。
A. 命名空间的限制　　B. 集群的可用性
C. 性能的瓶颈　　D. 隔离问题

(10)(多选)以下 HDFS 相关的 shell 命令不正确的是(　　)。
A. hdfs dfs-rm < path >:删除路径< path >指定的文件
B. hadoop fs-ls < path >:显示< path >指定的文件的详细信息
C. hadoop fs-copyFromLocal < path1 > < path2 >:将路径< path2 >指定的文件或文件夹复制到路径< path1 >指定的文件夹中
D. hadoop dfs mkdir < path >:创建< path >指定的文件夹

2. 填空题

(1) HDFS 是 Hadoop 两大核心组成部分之一,它________实现了 GFS 的基本思想。

(2) 在 HDFS 中,名称节点(NameNode)负责管理分布式文件系统的________。

(3) 第二名称节点(SecondaryNameNode)用于帮助名称节点管理元数据,但不是第二个名称节点,仅是名称节点的________。

(4) HFDS 使用一个 FSImage 系统文件和一个________日志文件进行集群元数据的管理。

(5) HDFS 作为一个分布式文件系统,为了保证系统的容错性和可用性,采用了多副本方式对数据进行冗余存储,每个数据块默认有________。

3. 问答题

(1) 简述 HDFS 的数据复制原理。

(2) 简述 HDFS 读数据过程。

(3) 简述针对 LOSF 带来的文件存储效率低下的问题,以及 Hadoop 社区提出的解决方案。

4. 上机训练

(1) HDFS 常用 Shell 命令使用。

(2) 使用 Java API 完成文件的读取、建立、上传和下载等操作。

第 4 章　分布式数据库 HBase

导言

随着 Web 2.0 应用的不断发展，传统的关系数据库已经无法满足需要。作为 HBase 在内的非关系数据库的出现，有效弥补了传统数据库的缺陷。Apache HBase 是一个开源、分布式和非关系型的列式数据库，在 HDFS 基础上提供了类似于 Bigtable 的功能。

HBase 位于 Hadoop 生态系统的结构化存储层，数据存储于分布式文件系统 HDFS，并且使用 ZooKeeper 作为协调服务。MapReduce 为 HBase 提供了高性能的计算能力，ZooKeeper 则为 HBase 提供了稳定的服务和失效恢复机制。

HBase 的设计目的是处理非常庞大的表，可以使用普通计算机处理超过十亿行、数百万列组成的表的数据，并且可以通过不断增加普通的商用服务器提高计算和存储能力。

本章主要介绍 HBase 的概念、原理和应用。

本章学习目标

➢ 知识目标

- 掌握 HBase 数据模型的相关概念
- 掌握 HBase 实现原理
- 理解 HBase 运行机制

➢ 能力目标

- 能运用 Shell 命令完成 HBase 相关操作
- 能使用 Java API 完成数据处理编程

4.1 概　述

4.1.1 HBase 基本结构

HBase 是一个高可靠、高性能、面向列和可伸缩的分布式数据库，主要用来存储非结构化和半结构化的松散数据。其目标在于处理非常庞大的表，可以通过水平扩展的方式，利用普通计算机集群处理超过十亿行数据和数百万列元素组成的数据表。

在 Hadoop 生态系统中，HBase 利用 MapReduce 来处理海量数据，实现高性能计算；利用 ZooKeeper 作为协同服务，实现稳定服务和失败恢复；利用 HDFS 作为高可靠的底层存储。而且，HBase 可以通过 Sqoop 实现 RDMS 的数据导入功能，以及 Pig 和 Hive 的高层语言支持。

HBase 数据库基本组成结构如下。

1. 表

在 HBase 中,数据存储在表(Table)中,表名是一个字符串,表由行和列组成。与关系数据库(RDMS)不同,HBase 表是多维映射。

2. 行

HBase 中的行(Row)由行键(Rowkey)和一个或多个列(Column)组成。行键没有数据类型,总是视为字节数组 byte[],最大长度 64 KB,实际应用中长度一般为 10~100 字节。行键类似于关系数据库的主键索引,在整个 HBase 表中是唯一的。但是与关系数据库不同的是,行键按照字母顺序排序。我们可以利用行键的这一特性,将相关数据排列在一起。

3. 列族

HBase 列族(Column Family)由多个列组成,相当于将列进行分组。列的数量没有限制,一个列族里可以有数百万个列。表中的每一行都有同样的列族,列族必须在表创建的时候指定,不能轻易修改,且数量不能太多,限于几十个,一般不超过三个,列族名的类型是字符串。

4. 列限定符

列限定符(Qualifier)用于代表 HBase 表中列的名称,列族里的数据通过列限定符来定位,常见的定位格式是"family:qualifier"。例如,要定位列族 a 中列 name,则使用 a:name。HBase 中的列族和列限定符都可以理解为列,只是级别不同,一个列族下可以有多个列限定符,因此列族可以简单地理解为第一级别,列限定符是第二级别,二者是父子关系。与行键一样,列限定符没有数据类型,总被视为字节数组。列限定符不需要事先定义,也不需要在不同行之间保持一致。

5. 单元格

单元格(Cell)通过行键、列族和列限定符一起来定位。单元格包含值和时间戳,值没有数据类型,总是视为字节数组 byte[],时间戳代表该值的版本,类型为 long,默认条件下,时间戳表示数据写入服务器的时间。当数据存入单元格时,也可以指定不同的时间戳,每个单元格都根据时间戳保存同一份数据的多个版本,且降序排列,也就是最新的数据排在前面。这样有利于快速查找最新数据,默认读取最新的值。

4.1.2 与传统关系数据库的对比分析

关系数据库从 20 世纪 70 年代开始发展,已经成为非常成熟和稳定的数据存放方式。其主要特性是面向磁盘的存储和索引结构、多线程访问、基于锁的同步访问机制以及基于日志的恢复机制和事务机制。

在 Web 2.0 应用时代,传统的关系数据库已经无法满足数据高并发、高可扩展性和高可用性的实际需求。包括 HBase 在内的非关系数据库的出现,有效地填补了传统关系数据库的缺陷。HBase 与传统关系数据库(RDBMS)区别如表 4-1 所示。

表 4-1 HBase 与 RDBMS 的区别

类别	HBase	RDBMS
硬件架构	分布式集群,硬件成本低廉	传统多核系统,硬件成本昂贵
数据库大小	PB	GB、TB
数据分布	稀疏、多维	行列组织
数据类型	只有简单的字符串类型,其他由用户自定义	丰富的数据类型

续 表

类别	HBase	RDBMS
存储模式	基于列存储	基于行模式存储
数据修改	可以保留旧版本数据，插入对应的新版本数据	替换修改旧版本数据
事务支持	只支持单个行级别	对行、表全面支持
查询语言	可使用 Java API，或 HiveQL	SQL
吞吐量	百万查询每秒	数千查询每秒
索引	只支持行键，或利用 Hive	支持指定的任意列

4.1.3　BigTable

BigTable 是一个分布式存储系统，利用谷歌提出的 MapReduce 分布式并行计算模型来处理海量数据，使用谷歌分布式文件系统 GFS 作为底层数据存储。采用 Chubby 提供协同服务管理，可以扩展到 PB 级别的数据和上千台机器，具有可扩展性、高性能和高可用性。

从 2005 年 4 月开始，BigTable 已经在谷歌公司的实际生产系统中使用，谷歌的许多项目都存储在 BigTable 中，包括搜索、地图、财经、社交、视频、YouTube 和博客等。当用户需求发生变化时，只需要简单地往系统中添加机器，就可以实现服务器集群扩展。

HBase 是谷歌 BigTable 的开源实现，用来存储结构化和半结构化的松散数据。

4.2　HBase 数据模型

4.2.1　多维映射

可以把 HBase 数据模型看成一个键值数据库，通过 4 个键定位到具体的值。这 4 个键是行键、列族、列限定符和时间戳(可以省略，默认取最新数据)。首先通过行键定位到一整行，然后通过列族定位到列所在的范围，最后通过列限定符定位到具体的单元格数据。

由于 HBase 表是多维映射，因此其排列与传统的 RDBMS 不同。传统的 RDBMS 数据库对于不存在的值，必须存储 NULL 值；而在 HBase 中，不存在的值可以省略，且不占存储空间。HBase 在新建表的时候，必须指定表名和列族，不需要指定列。所有的列在后续添加数据时动态增加。

表 4-2 和表 4-3 分别展示了关系数据库与 HBase 数据存放的原理。

表 4-2　关系数据库

id	name	age	hobby	address
01	张三	18	足球	北京
02	王五	19	排球	NULL
03	李六	NULL	NULL	河北
04	胡七	NULL	NULL	NULL

表 4-3 HBase 数据存放的原理

rowkey	collect1	collect2
001	collect1:name=张三 collect1:age=18	collect2:hobby=足球 collect2:address=北京
002	collect1:name=王五 collect1:age=19	collect2:hobby=排球
003	collect1:name=李六	collect2:address=河北
004	collect1:name=胡七	

4.2.2 面向列的存储

HBase 是一个“列式数据库”。列式数据库采用 DSM(Decomposition Storage Model)存储模型。DSM 会对关系进行垂直分解,并为每个属性分配一个子关系。因此,一个具有 n 个属性的关系被分解为 n 个子关系,每个子关系被单独存储,每个子关系只有当其属性被请求时,才被访问。即 DSM 是以关系数据库中的属性或列为单位进行存储,结果导致关系中多个元组的同一属性值(或同一列值)会被存储在一起。

需要注意,HBase 是以列族为单位进行分解,而列族当中可以包含多个列。

传统的关系数据库是面向行的存储,被称为“行式数据库”。也就是说,行式数据库使用 NSM(N-ary Storage Model)存储模型,一个元组(或行)会被连续存储在磁盘页中,即数据是一行一行被存储的,第一行写入磁盘页后,继续写入第二行,以此类推;当从磁盘中读取数据时,需要从磁盘中顺序扫描每个元组的完整内容,然后从每个元组中筛选出查询所需的属性;如果每个元组只有少量属性值被查询所用,这样就会浪费磁盘空间和总线带宽。

行式数据库主要适合于小批量的数据处理,如联机事务型数据处理。列式数据库主要适合于批量数据处理和即席查询,其主要优点:降低 I/O 开销,支持大量并发用户查询,速度可能比传统方法快 100 倍。DSM 存储模型的主要缺点:如果执行连接操作,需要昂贵的元组重构代价。在过去许多年里,数据库主要用于联机事务型数据处理,故主流商业数据库大都采用 NSM 存储模型。后来,对于分析型应用的市场需求逐渐增大,而分析型应用一般数据被存储后不会发生修改,不会涉及元组重构,所以 DSM 受到青睐,并出现了一些采用 DSM 模型的商业系统,如 SybaseIQ、Vertica 和 LucidDB。

4.3 HBase 实现原理

4.3.1 Region

在一个 HBase 系统中,通过许多表完成数据存储。对于每一个具体表,表中的行是根据行键的值字典顺序进行维护。如果一个表中行的数量非常庞大,无法存储在一台机器上,就需要分布存储到多台机器上。此时,就需要根据行键的值进行分区,每个行区间构成一个分区,被称为“Region”。它是负载均衡和数据分发的基本单位,被分发到不同 Region 服务器上。

Region 的数量是随着数据的增长而增加的。一开始,每个表只有一个 Region,随着数据的不断插入,Region 会不断增大,当达到一个阈值时,就会被自动等分成两个新的 Region。以此类推，会分裂出越来越多的 Region。每个 Region 的默认大小是 100～200 M。

4.3.2 Region 的定位

每个 Region 服务器管理一个 Region 集合，该集合中 Region 数量一般在 10～1 000 左右。如何确定数据的位置就成为必须解决的问题。

每个 Region 通过 RegionID 来表示它的唯一性。一个 Region 标识符又可以表示成“表名＋开始行键＋RegionID”。

有了 Region 标识符，就可以确定每个 Region。为了定位每个 Region，可以构建一张映射表。映射表的每个条目包含两项内容，一项为 Region 标识符，另一项为 Region 服务器标识。这个条目就表示 Region 和 Region 服务器之间的对应关系，从而可以使用户知道某个 Region 存储在哪个 Region 服务器中。这个映射表包含了关于 Region 的元数据，因此也被称为“元数据表”，又名“. Meta 表”。

当一个 HBase 表中的 Region 数量非常庞大时，Meta 表的条目就非常多，也需要分区存放到不同的服务器上，也就是说. Meta 表也会被分成多个 Region。为了定位这些 Region，就需要构建一个新的映射表，用于记录元数据的位置。该映射表就是“根数据表”，又名“-ROOT-表”。-ROOT-表不能被分割，永远只存在一个 Region，且名字不可更改，位置被 ZooKeeper 文件记录。为了加快访问速度，. META 表的全部 Region 都会被保存在内存中。

客户端访问用户数据前，需要首先访问 ZooKeeper，提取-ROOT-表的位置信息；然后访问-ROOT-表，获取. META. 表信息；接着访问. META. 表，找到所查询的 Region 具体位置；最后在该 Region 服务器进行具体数据操作。以上操作被称作“三级寻址”。

为了加速寻址过程，一般在客户端把查询过的位置信息进行缓冲，这样就不需要每次经历“三级寻址”过程。随着 HBase 表的不断更新，Region 的位置信息可能会发生变化。如果客户端在访问数据时，发现在缓冲中获取的位置信息不存在时，才会判断出缓冲失效，这时就需要经历“三级寻址”，重新获取新的 Region 位置信息进行数据访问，并进行缓冲。

4.3.3 Master 主服务器与 Region 服务器

HBase 的实现包括三个主要功能组件：库函数（链接到每个客户端），一个 Master 主服务器和若干个 Region 服务器。

主服务器 Master 负责管理和维护 HBase 表的分区信息。如果 Master 服务器出问题，会影响到整个系统。Region 服务器负责存储和维护分配给自己的 Region，处理来自客户端的请求。

4.4 HBase 运行机制

4.4.1 HBase 架构

HBase 架构采用主从（Master/Slave）方式，由三种类型的节点组成：HMaster 节点（Master 主服务器）、HRegionServer 节点（Region 服务器）和 ZooKeeper 集群。具体如图 4-1 所示。

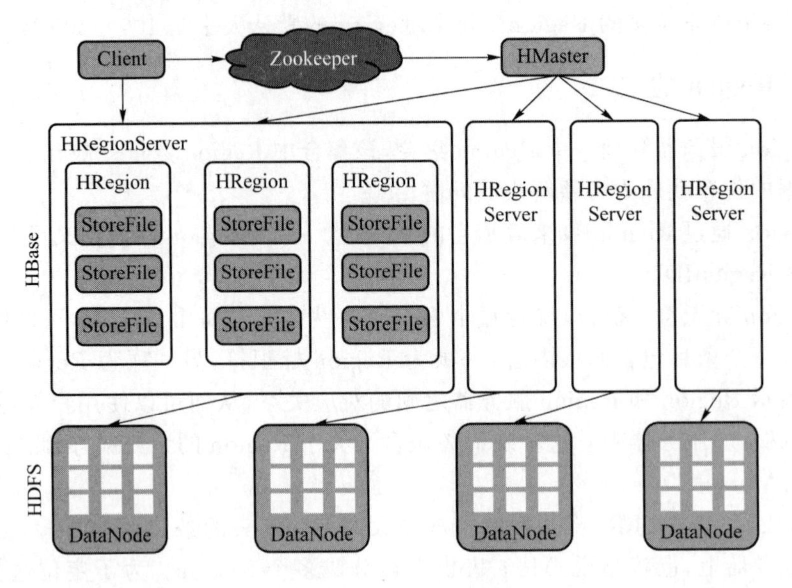

图 4-1 HBase 架构

Hmaster 节点作为主节点，HRegionServer 节点作为从节点，这种主从模式类似 HDFS 的 NameNode 与 DataNode。

HBase 集群中所有的节点都是通过 ZooKeeper 来进行协调的。HBase 底层通过 HRegionServer 将数据存储于 HDFS 中，因此也涉及 NameNode 节点和 DataNode 节点，HRegionServer 经常与 DataNode 在同一节点上，这样有利于数据的本地化访问，节省网络传输时间。

4.4.2 HMaster

HMaster 节点不是只有一个，用户可以启动多个 HMaster 节点，并通过 ZooKeeper 的选举机制保持同一时刻只有一个 HMaster 节点处于活动状态，其他 HMaster 处于备用状态。

HMaster 节点的作用如下。

① HMaster 节点本身不存储任何 HBase 数据。主要用于管理 HRegionServer 节点。

② 当某个 HRegionServer 节点宕机时，HMaster 节点负责将其中的 HRegion 迁移到其他 HRegionServer 上。

③ 管理用户对表的增、删、改、查等操作。

④ 管理表的元数据。

⑤ 权限控制。

4.4.3 Region 服务器

由 HMaster 节点将 Region 分配到不同的 Region 服务器节点中，同一表的多个 Region 可以分配到不同的 Region 服务器上。Region 服务器对 Region 进行管理并响应客户端的读写请求。分布在集群中的全部 Region 按顺序排列就组成了一张完整的表。

4.4.4 Store

一个 Store 存储 HBase 表的一个列族的数据。由于表被水平分割成多个 Region，因此一个 Region 中包含一个或多个 Store。Store 中包含一个 MemStore 和多个 HFile 文件。MemStore 相当于一个内存缓冲区,数据存入磁盘前会先存入 MemStore 中,当 MemStore 中的数据数量达到一定值后,会生成一个 HFile 文件,这时 MemStore 中的数据会转移到 HFile 文件中(可以通过 HBase 命令手动进行)。StoreFile 是对 HFile 文件的封装,HFile 是 HBase 底层的数据存储格式,最终以 HFile 的格式存储在 HDFS 中。

4.4.5　HLog

HLog 是 HBase 的日志文件。在分布式环境下,必须考虑系统出错的情况。HBase 采用 HLog 来保证系统出现故障时能正确恢复。HBase 系统为每个 Region 服务器配置一个 HLog 文件。它是一种预写式日志,即用户更新数据先写入 HLog 文件中,然后再写入 Memstore 缓冲,只有这两个地方都写入并确认后,才认为数据写入成功。若数据写入 HDFS 之前服务器崩溃,则 MemStore 中数据将丢失,这时可以利用 HLog 来恢复丢失的数据。HLog 日志文件存储于 HDFS 中,若服务器崩溃,HLog 仍然可用。

在 HBase 系统中,每个 Region 服务器只需要维护一个 HLog 文件,这意味所有 Region 对象共享一个 HLog。这种方式的优点在于,只需要不断把日志记录追加到单个日志文件中,而不需要同时打开、写入多个日志文件,进而减少磁盘寻址次数。其缺点在于,如果一个 Region 服务器发生故障,为了恢复数据,需要对 HLog 进行拆分。

4.4.6　ZooKeeper

每个 Region 服务器节点会在 ZooKeeper 中注册一个自己的临时节点。HMaster 通过这些临时节点发现可以使用的 Region 服务器节点,并跟踪这些节点的故障;也可以利用 ZooKeeper 来确保只有一个 HMaster 在运行。Region 应该分配到哪个 Region 服务器节点上,也是通过 ZooKeeper 进行。

4.5　HBase 性能优化

任何一个数据库系统都存在性能优化的问题,尤其在对大量数据读写的环境下。作为面向列的分布式数据库系统,HBase 的运行原理和实现机制都与传统的关系数据库有较大不同。

4.5.1　设计优化

1. 行键设计

在 HBase 中,行键(Row Key)可以是任何字符串,最大长度为 64 KB,按字典顺序存储,定长的 Row Key 对性能是有利的。在设计行键时,必须保证其具有唯一性,并且行键长度是越短越好,一般不要越过 16 个字节。必要时,可以对 Row Key 进行散列处理。

2. 避免过多的列族

由于列族对于 Flush、Split、Compaction 的影响,建议在 1～3 之间。

3. 合理设置 Region 大小

HBase 支持将每个数据表 Region 设置成不同的大小,具体可以根据数据表的数据量和不同的读写负载分布进行设计。

4. 合理使用列族缓存

对于经常被访问的列族,可以通过启用列族缓存的方式提高访问速度。

5. 使用 Bloom Filter

使用 Bloom Filter 可以显著提高定位数据的速度,HBase 的默认设置是不使用 Bloom Filter。

4.5.2 查询优化

为了减少查询时间,可以采用下列方法。

1. 调整 Scan 缓存

在使用 HBase 的 Scan 接口时,一次 Scan 会返回大量数据。客户端向 HBase 发送一次 Scan 请求,实际上并不会将所有数据加载到本地,而是通过多次 RPC 请求进行加载。这样设计的好处在于避免大量数据请求会导致网络带宽负载过高影响其他业务使用 HBase。另外,从客户端的角度来说,可以避免因数据量太大,而从本地机器发送 OOM(内存溢出)。

在默认情况下,HBase 每次 Scan 会缓存 100 条,可以通过属性 hbase. client. scanner. caching 来设置。

2. 指定范围的 Scan

避免全表、全属性的 Scan 操作。

3. 批量读取

通过调用 HTable. get(List <Get>)方法可以根据一个指定的 Row Key 列表,批量获取多行记录,这样做的好处是批量执行,只需要一次网络 I/O 开销,这对数据实时性要求高而且网络传输 RTT 高的情景下可能带来明显的性能提升。

4. 及时关闭 Scan

在执行 Scan 以后,应该使用 ResultScanner 类的 close( )方法关闭 Scan。

4.5.3 更新优化

1. 使用提前创建的 Region

在默认情况下,当创建数据表时,HBase 只会创建一个 Region,直到该 Region 中存储的数据足够大才会分割成多个 Region。在进行大数据量写入时,Region 的分割会影响写入性能。因此,有必要在创建表时,提前生成多个空的 Region,这样可以减少 Region 操作,并提高写入速度。具体方法参考 HBaseAdmin. createTable 接口。

2. 关闭 WAL(Write Ahead Log)

HBase 应用向 RegionServer 提交写数据时,会先写 HLog 日志,以及 WAL 机制。当 HLog 日志写入成功后,才真正将数据写入 MemStore。该机制避免了 RegionServer 故障引起的数据丢失,同时也影响了写入性能。因此,对一些不太重要的数据,可以通过关闭 WAL 功能,提高数据的写入性能。

3. 关闭 AutoFlush

这样可以批量写入数据到 HBase,而不是有一条 put 就执行一次更新。只有当 put 填满客户端写缓存时,才真正向 HBase 服务器端发起写请求。默认情况下,auto flush 是开启的。

4. 批量写入

HTable 类的 put(List <Put>)方法支持一次性将多条数据写入 HBase 系统。

5. 多线程并发写入

在应用中开启多个线程，每个线程启动一个 HTable 实例，负责一定范围的表操作。

4.5.4 数据压缩

采用数据压缩技术也是性能优化的通常方法。HBase 支持 GZIP、LZO、SNAPPY 等多种压缩算法。启用数据压缩的方法，可以在创建数据表时指定列族的压缩方式，也可以在创建之后，修改列族的压缩方式。

4.6 HBase 编程实践

本节主要介绍 HBase 系统相关的 Shell 命令以及常用的 Java API。在准备环境时，还需要单独安装 HBase(Hadoop 安装后，只包含 HDFS 和 MapReduce)。

首先，启动 HDFS 和 HBase 进程；然后，在终端输入：$ bin/hbase shell。

4.6.1 HBase 常用 Shell 命令

1. 创建表

创建表名为 t1，列族名为 w1 的表，命令如下。

```
hbase>create't1','w1'
```

2. 添加数据

向表 t1 中添加一条数据，rowkey 为 r1，列 name 为 liu5，命令如下。

```
hbase>put't1','r1','w1:name','liu5'
```

向表 t1 中添加一条数据，rowkey 为 r2，列 age 为 20，命令如下。

```
hbase>put't1','r2','w1:age','20'
```

3. 修改表数据

同样使用 put 命令，修改表 t1 中行键 r1 对应的 name 值，将 liu5 改成 wang6，命令如下。

```
Hbase>put  't1','r1','w1:name','wang6'
```

4. 全表扫描

可以用 scan 命令查询表中所有数据。例如，扫描表 t1，命令如下。

```
hbase>scan't1'
```

5. 查询一行数据

可以使用 get 命令查询表中一整行数据。例如，查询表 t1 中 rowkey 为 r1 的一整行数据，命令如下。

```
hbase>get't1','r1'
```

6. 删除特定单元格

删除表 t1,rowkey 为'r1'行的 name 单元格,命令如下。

```
hbase>delete 't1','r1','w1:name'
```

7. 删除一整行数据

删除表 t1 中 rowkey 为 r2 的一整行数据,命令如下。

```
hbase>deleteall 't1','r2'
```

8. 删除全表

disable 命令可以禁用表,使表无效;drop 命令可以删除表。如果需要完全删除一张表,需要先执行 disable 命令,然后执行 drop 命令。如下所示。

```
hbase>disable 't1'
hbase>drop 't1'
```

9. 查询表中记录数

可以使用 count 命令查询表中的记录数。例如,查询 t1 的记录数,命令如下。

```
hbase>count 't1'
```

10. 列出所有表

使用 list 命令,可以列出 HBase 数据库中的所有表。如下所示。

```
hbase>list
```

11. 检查表是否存在

可以使用 exists 命令查询表是否存在,命令如下。

```
hbase>exists 't1'
```

12. 批处理

HBase 支持将多个 Shell 命令存入一个文件中,每行一个命令,然后读取文件中的命令,批量执行。例如,首先在当前目录下建立一个文件 test_bat. txt,在该文件存入要执行的 Shell 命令;然后在启动 HBase Shell 时,将该文件的路径作为一个参数传入。示例如下。

```
bin/hbase shell ../test_bat.txt
```

4.6.2 HBase 常用 Java API

(1) org. apache. hadoop. hbase. client. Admin

HBase Java API 提供了一个 Admin 接口,该接口中定义了对表进行创建、删除、启用和禁用等方法。其主要方法如表 4-4 所示。

表 4-4　Admin 接口主要方法

返回值	方法名
void	addColumnFamily(TableName tableName, ColumnFamilyDescriptor columnFamily) 向一个已经存在的表添加列族
void	closeRegion(byte[] regionname, String serverName) 关闭 Region
void	createTable(TableDescriptor desc) 建新表
void	deleteTable(TableName tableName) 删除表
void	disableTables(String regex) 使表无效
void	enableTable(TableName tableName) 使表有效
boolean	tableExists(TableName tableName) 检查表是否存在
HTableDescriptor[]	listTables() 列出所有表
void	abort(String why, Throwable e) 终止服务器或客户端
boolean	balance() 负载均衡

(2) org. apache. hadoop. hbase. client. Table

Table 是 Java 接口，不可以直接实例化一个对象，必须调用 Connection. getTable()返回 Table 的一个子对象。该接口定义了对表数据进行查询、添加、扫描、删除等方法。其主要方法如表 4-5 所示。

表 4-5　Table 接口主要方法

返回值	方法
void	close() 释放资源，根据内部缓冲更新数据
void	put(Put put) 添加数据
Result	get(Get get) 从指定行单元格获取数据
void	delete(Delete delete) 删除指定单元格或行的数据

(3) org. apache. hadoop. hbase. HBaseConfiguration

该类用于管理 HBase 的配置信息。其主要方法如表 4-6 所示。

表 4-6 HbaseConfiguration 类主要方法

返回值	方法
static org. apache. hadoop. conf. Configuration	create() 建立一个与 HBase 资源相关的配置对象
static org. apache. hadoop. conf. Configuration	addHbaseResources(org. apache. hadoop. conf. Configuration conf) 添加配置
static void	merge(org. apache. hadoop. conf. Configuration destConf, org. apache. hadoop. conf. Configuration srcConf) 合并配置

(4) org. apache. hadoop. hbase. HTableDescriptor

该类包含了 HBase 中表的详细信息,例如表中的列族、类型、是否只读、MemStore 的最大空间等。其主要方法如表 4-7 所示。

表 4-7 HtableDescriptor 的主要方法

返回值	方法名
Collection<HColumnDescriptor>	getFamilies() 返回表中所有列族
TableName	getTableName() 返回表名
byte[]	getValue(byte[] key) 获取与 key 相关的元数据
HColumnDescriptor	removeFamily(byte[] column) 删除列族
HTableDescriptor	addFamily(HColumnDescriptor family) 添加列族

(5) org. apache. hadoop. hbase. HColumnDescriptor

该类包含列族的详细信息,一般在建表或添加列族时使用。一旦列族被建立,就不能被修改,但可以被删除,与列族相关的数据会随着列族的删除而丢失。其主要方法如表 4-8 所示。

表 4-8 HColumnDescriptor 的主要方法

返回值	方法名
byte[]	getName() 获取列族的名字
HColumnDescriptor	HColumnDescriptor(byte[] familyName) 构造函数

续 表

返回值	方法名
int	getMaxVersions() 获取最大版本
HColumnDescriptor	setValue(byte[] key, byte[] value) 设置某单元格的值

(6) org. apache. hadoop. hbase. client. Put

该类用于对单元格的操作。其主要方法如表 4-9 所示。

表 4-9　Put 类的主要方法

返回值	方法名
Put	Put(byte[] row) 构造函数,为指定的行建立一个 Put 实例
Put	add(Cell cell) 将指定的键值加入 Put 实例中
Put	addColumn(byte[] family, byte[] qualifier, byte[] value) 将指定的列值加入 Put 实例

(7) org. apache. hadoop. hbase. client. Get

该类完成获取一个单行操作。其主要方法如表 4-10 所示。

表 4-10　Get 的主要方法

返回值	方法名
Get	addColumn(byte[] family, byte[] qualifier) 根据列族和列限定符获得相应的列
Get	addFamily(byte[] family) 根据指定的列族获得所有的列
Get	setFilter(Filter filter) 设置过滤器

(8) org. apache. hadoop. hbase. client. Result

该类存放单行查询结果。其主要方法如表 4-11 所示。

表 4-11　Result 的主要方法

返回值	方法名
boolean	advance() 前进一个单元
boolean	containsColumn(byte[] family, byte[] qualifier) 检查是否存在指定的列值
Cursor	getCursor() 获取游标

续表

返回值	方法名
NavigableMap<byte[],byte[]>	getFamilyMap(byte[] family) 获取指定列族的键值对的集合

(9) org. apache. hadoop. hbase. client. ResultScanner

该接口是客户端扫描接口。其主要方法如表 4-12 所示。

表 4-12 ResultScanner 的主要方法

返回值	方法名
void	close() 关闭 Scanner,并释放资源
Result	next() 获取下一个 Result

(10) org. apache. hadoop. hbase. client. Scan

该类用来完成数据查找操作。其主要方法如表 4-13 所示。

表 4-13 Scan 的主要方法

返回值	方法名
Scan	addColumn(byte[] family, byte[] qualifier) 根据指定的列族和列限定符获取列数据
Scan	addFamily(byte[] family) 获取指定列族的列数据
Scan	setFilter(Filter filter) 设置指定查询的过滤器,应用于指定的服务端
Scan	setMaxResultSize(long maxResultSize) 设定最大结果长度
Scan	setStartRow(byte[] startRow) 设定开始行
Scan	setStopRow(byte[] stopRow) 设定停止行

4.6.3 HBase Java API 应用

1. 创建表

创建表代码如下。

```
import org.apache.hadoop.conf.Configuration;
import org.apache.hadoop.hbase.HBaseConfiguration;
import org.apache.hadoop.hbase.HColumnDescriptor;
import org.apache.hadoop.hbase.HBaseConfiguration;
import org.apache.hadoop.hbase.HTableDescriptor;
```

```
import org.apache.hadoop.hbase.TableName;
import org.apache.hadoop.hbase.client.Admin;
import org.apache.hadoop.hbase.client.Connection;
import org.apache.hadoop.hbase.client.ConnectionFactory;
public class Create Table{
    public static void main(String[] args){
      //创建 HBase 配置对象
      Configuration conf = HBaseConfiguration.create();
      //指定 ZooKeeper 集群地址
      conf.set(" hbase.zooKeeper.quorum",
      "192.168.170.133:2181, 192.168.170.134:2181192.168.170.135:2181,");
      //创建连接对象
      Connection conn = ConnectionFactory.createConnection(conf);
      //得到数据库管理员对象
      Admin admin = conn.getAdmin();
      //创建表描述
      TableName tableName = TableName.valueOf("t1");
      HTableDescriptor desc = new HTableDescirptor(tableName);
      //创建列族描述
      HColumnDescriptor family = new HColumnDescriptor("f1");
      //指定列族
      desc.addFamily(family);
      //创建表
      Admin.createTable(desc);
      System.out.println("create table success");
    }
}
```

2. 添加数据

这里主要用到 HBase Java API 的 table 接口。代码如下。

```
import org.apache.hadoop.conf.Configuration;
import org.apache.hadoop.hbase.HBaseConfiguration;
import org.apache.hadoop.hbase.HColumnDescriptor;
import org.apache.hadoop.hbase.HBaseConfiguration;
import org.apache.hadoop.hbase.HTableDescriptor;
import org.apache.hadoop.hbase.TableName;
import org.apache.hadoop.hbase.client.Admin;
import org.apache.hadoop.hbase.client.Connection;
import org.apache.hadoop.hbase.client.ConnectionFactory;
import org.apache.hadoop.hbase.client.Put;
import org.apache.hadoop.hbase.client.Table;
import org.apache.hadoop.hbase.util.Bytes;
```

```
public class PutData {
    public static void main(String[] args){
            //创建 HBase 配置对象
    Configuration conf = HBaseConfiguration.create();
    //指定 ZooKeeper 集群地址
    conf.set(" hbase.zooKeeper.quorum",
    "192.168.170.133:2181, 192.168.170.134:2181192.168.170.135:2181,");
    //创建连接对象
    Connection conn = ConnectionFactory.createConnection(conf);
    //获取 Table 和 Put 对象
    TableName tableName = TableName.valueOf("t1");
    Table table = conn.getTable(tableName);
    Put put  = new Put(Bytes.toBytes("row1"));//row1 为行键
    //添加列数据到 put
    put.addColumn(Bytes.toBytes("f1"),Bytes.toBytes("name"), Bytes.toBytes("mingming"));
    put.addColumn(Bytes.toBytes("f1"),Bytes.toBytes("age"), Bytes.toBytes("18"));
    put.addColumn(Bytes.toBytes("f1"),Bytes.toBytes("address"), Bytes.toBytes("wulumuqi"));
    //添加列数据,put2
    Put put2  = new Put(Bytes.toBytes("row2"));//row2 为行键
    Put2.addColumn(Bytes.toBytes("f1"),Bytes.toBytes("name"), Bytes.toBytes("laowang"));
    Put2.addColumn(Bytes.toBytes("f1"),Bytes.toBytes("age"), Bytes.toBytes("50"));
    Put2.addColumn(Bytes.toBytes("f1"),Bytes.toBytes("address"), Bytes.toBytes("Beijing"));
    //添加列数据,put3
    Put put3  = new Put(Bytes.toBytes("row3"));//row3 为行键
    Put3.addColumn(Bytes.toBytes("f1"),Bytes.toBytes("name"), Bytes.toBytes("laoli"));
    Put3.addColumn(Bytes.toBytes("f1"),Bytes.toBytes("age"), Bytes.toBytes("60"));
    Put3.addColumn(Bytes.toBytes("f1"),Bytes.toBytes("address"), Bytes.toBytes("Tianjing"));
    //存入系统
    table.put(put);
    table.put(put2);
    table.put(put3);
    //释放资源
    table.close();
    System.out.println("put three data success");
  }
}
```

3. 查询数据

可以使用 HBase Java API 的 table 接口的 get()方法,根据行键获取一整条数据。代码如下。

```
import org.apache.hadoop.conf.Configuration;
import org.apache.hadoop.hbase.Cell;
import org.apache.hadoop.hbase.CellUtil;
```

```
import org.apache.hadoop.hbase.HBaseConfiguration;
import org.apache.hadoop.hbase.TableName;
import org.apache.hadoop.hbase.client.Connection;
import org.apache.hadoop.hbase.client.ConnectionFactory;
import org.apache.hadoop.hbase.client.Get;
import org.apache.hadoop.hbase.client.Result;
import org.apache.hadoop.hbase.client.Table;

public class GetData{
    public static void main(String[] args) thows Exception{
        //创建 HBase 配置对象
        Configuration conf = HBaseConfiguration.create();
        //指定 ZooKeeper 集群地址
        conf.set(" hbase.zooKeeper.quorum",
    "192.168.170.133:2181,192.168.170.134:2181192.168.170.135:2181,");
        //创建连接对象
        Connection conn = ConnectionFactory.createConnection(conf);
        //获取 Table 对象
        Table table = conn.getTable(TableName.valueOf("t1"));
          //创建 Get 对象
        Get get = new Get("row1".getBytes());
        //查询数据
        Result r = table.get(get);
        //循环输出结果
        for(Cell cell:r.rawCells()) {
            //获取当前单元格所属的列族名称
            String family = new String(CellUtil.cloneFamily(cell));
            //获取当前单元格的列名称
        String qualifier = new String(CellUtil.cloneQualifier(cell));
        //获取列值
        String value = new String(CellUtil.cloneValue(cell));
        //输出结果
        System.out.println("列族:" + family + ":" + "列:" + qualifier + ":" + "值:" + value);
      }
    }
}
```

4. 删除数据

可以使用 HBase Java API 的 Table 接口的 delete()方法,根据行键删除一整行数据。代码如下。

```
import org.apache.hadoop.conf.Configuration;
import org.apache.hadoop.hbase.HBaseConfiguration;
import org.apache.hadoop.hbase.TableName;
```

```
import org.apache.hadoop.hbase.client.Connection;
import org.apache.hadoop.hbase.client.ConnectionFactory;
import org.apache.hadoop.hbase.client.Delete;
import org.apache.hadoop.hbase.Util.Bytes;
import org.apache.hadoop.hbase.client.Table;
public class DeleteData{
        public static void main(String[] args){
          //创建 HBase 配置对象
          Configuration conf = HBaseConfiguration.create();
          //指定 ZooKeeper 集群地址
          conf.set(" hbase.zooKeeper.quorum",
        "192.168.170.133:2181, 192.168.170.134:2181192.168.170.135:2181,");
          //创建连接对象
          Connection conn = ConnectionFactory.createConnection(conf);
          //获得 Table 对象
          TableName tableName = TableName.valueOf("t1");
          Table table = conn.getTable(tableName);
          //创建 Delete 对象
          Delete delete = new Delete(Bytes.toBytes("row1"));
          //删除一整条数据
          table.delete(delete);
          //释放资源
          table.close();
          System.out.println("delete data success");
          }
}
```

4.6.4 HBase 过滤器编程

类似 SQL 中的 where 条件，HBase 中有过滤器类，可以对 HBase 数据进行多维度数据的筛选操作，即可以细化到具体的存储单元(行键、列族和列限定符)。过滤器类存在两类参数，一类是运算符，另一类是比较器。具体如表 4-14 和表 4-15 所示。

表 4-14 过滤器运算符

运算符	含义
LESS	小于
LESS_OR_EQUAL	小于等于
EQUAL	等于
NOT_EQUAL	不等于
GREATER_OR_EQUAL	大于等于
GREATER	大于
NO_OP	无操作

表 4-15　比较器

比较器	含义
BinaryComparator	二进制比较器
BinaryPrefixComparator	前缀二进制比较器，只比较前缀是否相同
NullComparator	空值比较器，判断是否为空
RegexStringComparator	正则比较器，仅支持 EQUAL 和非 EQUAL
SubstringComparator	字符串包含比较器，不区分大小写

1. 行键过滤器

行键过滤器是通过一定的规则过滤行键，达到筛选数据的目的。代码如下。

```
//已知 Table 对象 table，创建 Scan 对象
Scan scan = new Scan();
//创建过滤器对象
Filter filter = new RowFilter(CompareOp.EQUAL,new BinaryCompatator(Bytes.toBytes("row1")));
//设置过滤器
scan.setFilter(filter);
//查询数据，返回结果集
ResultScanner rs = table.getScanner(scan);
for(Result res:rs){
    System.out.println(res);
}
//或存放到 List 集合中
List<Map<String,Object>> resList = new ArrayList<Map<String,Object>>();
for(Result res:rs){
//将每行数据转换成 Map
    Map<String,Object> tempmap = resultToMap(res);
    resList.add(tempmap);
}
```

2. 列族过滤器

列族过滤器通过对列族进行筛选，进而获得符合条件的数据。代码如下。

```
Scan scan = new Scan();
//创建过滤器
Filter filter = new FamilyFilter(CompareOp.EQUAL,new BinaryComparator(Bytes.toBytes("f1")));
//设置过滤器
scan.setFilter(filter);
//查询数据，返回结果集
ResultScanner rs = table.getScanner(scan);
for(Result res:rs){
    System.out.println(res);
}
```

3. 列过滤器

列过滤器是通过对列进行筛选,从而得到符合条件的数据。代码如下。

```
Scan scan = new Scan();
Filter filter = new QualifierFilter(CompareOp.EQUAL, new BinaryComparator(Bytes.toBytes("
name")));
Scan.setFilter(filter);
```

4. 值过滤器

值过滤器是通过对单元格中的值进行筛选,从而得到符合条件的所有单元格数据。代码如下。

```
Scan scan = new Scan();
Filter filter = new ValueFilter(Compare.EQUAL,new SubstringComparator("laoWang"));
scan.setFilter(filter);
```

5. 单列值过滤器

该过滤器通过对某一列的值进行筛选,从而得到符合条件的数据。代码如下。

```
Filter filter= new
SingleColumnValueFilter(Bytes.toBytes("f1"),Bytes.toBytes("name"),CompareFilter.CompareOp.
NOT_EQUAL,new SubstringComparator("laoWang"));
```

6. 多条件过滤

多条件过滤意味着将多个过滤器组合进行查询。代码如下。

```
//创建过滤器1:查询年龄小于等于20岁的数据
Filter filter1 = new
SingleColumnValueFilter(Bytes.toBytes("f1"),Bytes.toBytes("age"),CompareFilter.CompareOp.
LESS_OR_EQUAL,Bytes.toBytes("25"));
//创建过滤器2:查询年龄大于等于18岁的数据
Filter filter2 = new
SingleColumnValueFilter(Bytes.toBytes("f1"),Bytes.toBytes("age"),CompareFilter.CompareOp.
GREATER_OR_EQUAL,Bytes.toBytes("18"));
//创建过滤器集合对象
FilterList filterList= new FilterList();
//添加过滤器
filterList.addFilter(filter1);
filterList.addFilter(filter2);
//设置过滤器集合
scan.setFilter(filterList);
ResultScanner rs = table.getScanner(scan);
```

小　结

本章主要介绍了 HBase 数据库的基本内容及简单应用。HBase 作为 BigTable 的开源实现，支持海量数据的存储管理，具有分布式数据并发处理的能力，且易于扩展。

HBase 是一个高可靠、高性能、面向列和可伸缩的分布式数据库，主要用来存储结构化和半结构化的松散数据。我们可以把 HBase 看成一个键值数据库，通过四个键定位到具体的值。这四个键是行键、列族、列限定符和时间戳。

HBase 的每一个表是由 Region 组成，它是负载均衡和数据分发的基本单位，被分发到不同 Region 服务器上。

HBase 架构采用主从(Master/Slave)方式，由三种类型的节点组成：HMaster 节点、HRegionServer 节点和 ZooKeeper 集群。

HBase 通过 Shell 命令和 Java API 进行数据处理。

习　题

1. 选择题

(1) HBase 是一个高可靠、高性能、面向列和可伸缩的分布式数据库，主要用来(　　)。

A. 存储非结构化和半结构化的松散数据

B. 仅用来存储结构化数据

C. 仅用来存储半结构化的松散数据

D. 用来临时存储数据

(2) HBase 与 RDBMS 的区别，在于(　　)。

A. 基于行存储　　B. 基于列存储

C. 以上都不是　　D. 基于关系

(3) 在一个 HBase 系统中，通过许多表完成数据存储，对于每一个具体表，表中的行如何排列(　　)。

A. 随机顺序　　B. 根据行键的值字典顺序

C. 列族顺序　　D. 索引顺序

(4) HBase 表是多维映射，意味通过(　　)个键定位到具体的值。

A. 2　　B. 3　　C. 4　　D. 1

(5) HBase 是以(　　)为单位进行分解。

A. 行列　　B. 行　　C. 列　　D. 列族

(6) 每个 Region 服务器管理一个 Region 集合，一般在(　　)，如何确定数据的位置就成为必须解决的问题。

A. 10～1 000　　B. 1～100

C. 10～100　　D. 100～500

(7) HBase 架构采用(　　)，由三种类型的节点组成：HMaster 节点(Master 主服务器)、HRegionServer 节点(Region 服务器)和 ZooKeeper 集群。

A. 主从(Master/Slave)方式　　B. 均衡方式

C. 对等方式　　　　　　　　　　　　D. 交互方式

(8). HMaster 节点本身不存储任何 HBase 数据,主要用于管理(　　)。

A. 集群　　　　　　　　　　　　　　B. HRegionServer 节点

C. 数据　　　　　　　　　　　　　　D. 网络

(9) 一个 Store 存储 HBase 表的(　　)的数据。

A. 行　　　　B. 列　　　　C. 一个列族　　　　D. 一次访问

(10) 在 HBase 中,Row Key 可以是任何字符串,最大长度为 64 KB,按字典顺序存储,(　　)Row Key 对性能是有利的。

A. 结构类型　　　　B. 字符串类型　　　　C. 数字类型　　　　D. 定长的

2. 填空题

(1) Store 中包含一个(　　)和多个 HFile 文件。

(2) HBase 系统为每个 Region 服务器配置(　　)个 HLog 文件。

(3) 由于列族对于 Flush、Split、Compaction 的影响,建议在(　　)之间。

(4) 创建表名为 t1,列族名为 w1 的表,命令为:(　　)。

(5) table. put(put);//(　)。

3. 问答题

(1) 简述 HBase 数据模型。

(2) 简述 HBase 的架构。

(3) 分析 HBase 性能优化的关键因素。

4. 上机训练

(1) HBase 安装与 HBase shell 基本操作。

(2) HBase Java API。

第 5 章 Hive

导言

Hadoop 框架所具备的基础能力包括大数据运算（MapReduce）、分布式文件存储（HDFS）和大数据数据库管理（HBase）。这些提供了从大数据中挖掘商机和用户需求的底层架构。但是要用好这些功能，需要使用者具备较高的编程能力。针对这种情况，高层次的数据分析工具 Hive、Pig 应运而生。

Hive 最早来源于 Facebook 提供的开源代码，是一个基于 Hadoop 的数据仓库架构。Hive 可以将类 SQL 语句转化为 MapReduce（或 Apache Spark 和 Apache Tez）任务执行，大大降低了 Hadoop 的使用门槛，减少了开发 MapReduce 程序的时间。

Hive 提供了一种类 SQL 查询语言，称为 HiveQL。这使得 Hive 非常适合进行数据仓库的统计分析。Hive 不仅可以分析 HDFS 文件系统中的数据，也可以分析 HBase。

本章将介绍 Hive 的概念、原理、架构和应用。

本章学习目标

➢ 知识目标
- 掌握 Hive 数据结构及数据类型
- 掌握 Hive 数据库操作
- 掌握 Hive 表操作
- 掌握 Hive 数据查询
- 了解 Hive 架构体系
- 了解 Hive 数据存储格式
- 了解 Hive Linux Shell 命令和 Hive JDBC 操作

➢ 能力目标
- 能配置 Hive 运行环境
- 能完成相关数据操作

5.1 Hive 架构体系

5.1.1 Hive 架构

1. 用户操作接口

如图 5-1 所示，用户操作接口主要分为三类，第一类是命令行接口（CLI），命令行接口支持数据分析用户以命令行的方式输入类似 SQL 语言进行数据操作；第二类为 Web 页面，提供

Web 方式的操作;第三类为 Hive 应用,支持 JDBC、ODBC 和 Thrift 的方式开发应用。

2. HiveServer2

Hive 启动后,会提供以 Thrift 接口形式的服务能力。HiveServer2 核心是一个基于 Thrift 的 Hive 服务,可以同时支持多个客户端的并发请求和身份认证。Thrift 是构建跨平台服务的 RPC 框架,提供了可以远程访问其他进程的功能,能允许不同语言(Java、Python 等)访问 Hive 接口。

3. 驱动程序

驱动程序(Driver)负责处理 Hive 语句,完成编译、优化和执行的工作,并生成相应的 MapReduce 任务与 HDFS 节点进行数据交换,最终完成用户要求的数据操作请求。

4. 元数据库与 Metastore Server

元数据库(Metastore Database)中存放了 Hive 中与数据表相关的元数据,记录了数据的库、表和分区组织信息。默认是使用 Hive 自带的 Derby 数据库,不过一般推荐性能更为优秀的 Mysql。

Metastore Server 是 Hive 中的一个元数据服务,所有客户端都需要通过它访问元数据。

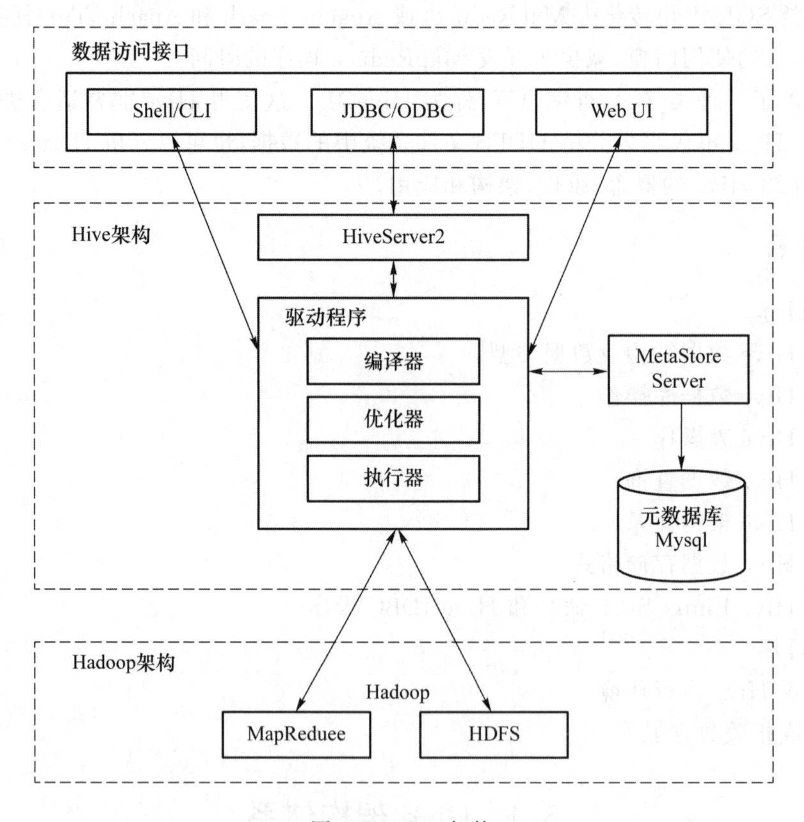

图 5-1 Hive 架构

5.1.2 Hive 与关系型数据库的区别

随着 Hadoop 应用的广泛开展,Hive 数据仓库技术也逐渐走进人们的视野中。但在不少实际应用中,传统的关系型数据库技术依然占有一席之地,那么两者有什么区别呢?未来应用的发展趋势是如何呢?

1. 计算模型不同

Hive 中大部分查询都是并行执行的,因此通常使用 Map Reduce 为计算模型,关系数据库则是自己设计的计算模型。

2. 应用方式不同

关系数据库都是为实时查询的业务进行设计的,同时所处理的数据量较小,实时性较强。而 Hive 则是为海量数据做数据挖掘设计的。Hive 访问数据表中满足条件的某些值的时候,须通过扫描完整的 GB 级甚至 TB 级的数据表。因此,Hive 的访问延迟较高,实时性很差。实时性的区别导致 Hive 的应用场景和关系数据库有很大的不同。

3. 拓展性不同

Hive 很容易扩展自己的存储能力和计算能力,这继承了 Hadoop 中 HDFS 与 Map Reduce 高可拓展性的特点,所以其存储与处理的数据规模往往可以很大。而关系数据库在这方面要差很多,目前,关系型数据库往往采用分区或者复制的方式进行伪"分布式存储",可拓展性无法与 Hive 相比。

4. 存储文件的系统不同

Hive 使用的是 Hadoop 的 HDFS(分布式文件系统),关系数据库则是服务器本地的文件系统。

5. 数据更新不同

Hive 是 Hadoop 基础上的数据仓库架构,继承了 Hadoop 的"一次写入,多次读取"的特性,故加载数据后,Hive 不支持数据的改写。而关系数据库中主要面向实时业务分析,数据增、删、改、查的需求较大,因此有固定 SQL 语言实现数据的添加和修改。

6. 索引方式不同

因为 Hive 在导入数据的过程中不会对数据进行任何处理,更不会对数据进行扫描,而是采用将文本文件内的数据直接映射到数据表上的方式,因此也没有对数据表中的某些属性列建立索引的概念,取而代之的是,采用分区或者分桶的方式使得查询的效率提高。关系型数据库通常会针对列建立索引,因此对于小规模数据的处理,如果条件中包含索引列,则关系型数据库的延迟会大大降低,效率相对 Hive 则较高。

5.1.3 SQL 与 HiveQL 对比

针对标准 SQL 与 HiveQL 进行了对比,列出了主要差异,如表 5-1 所示。

表 5-1 标准 SQL 与 HiveQL

对比内容	SQL	HiveQL
更新方式	UPDATE, INSERT, DELETE	INSERT OVERWRITE TABLE
事务支持	支持	不支持
索引	支持	不支持,没有主键
处理时延	秒级	分钟级
数据类型	整数、浮点数、定点数、文本与二进制串、时间	整数、浮点数、布尔数、字符串、数组、映射、结构
内置函数	多(几百)	少(十几个)
多表插入	不支持	支持。即在一个 HiveQL 命令中使用多个 INSERT 子句

续 表

对比内容	SQL	HiveQL
查询语句	满足 SQL-92	FROM 条件中只支持单表或单视图，SORT BY 只支持部分排序，LIMIT 可以限制返回行数
连接查询	满足 SQL-92	内连接、外连接、半连接
子查询	满足	只能在 FROM 条件中，不支持相关子查询
视图	视图可更新，可实体化，也可非实体化	视图只读，不支持实体化
扩展函数	支持用户定义函数和存储过程	支持用户定义函数和 Map Reduce 脚本

5.2 Hive 数据结构及数据类型

5.2.1 数据结构

在 Hive 中，数据以库(Database)、表(Table)、分区(Partition)和桶(Bucket)的层次进行组织。

元数据(Metadata)是指数据的属性信息，例如数据的类型、结构、数据库、表、视图等。它一般存储在关系数据库中。

1. 数据库

Hive 中的数据库相当于一个命名空间，用于避免命名冲突，保证数据安全。

2. 表

数据库中表由若干行组成，每行数据都有相同的模式和相同属性的列。具体分为内部表和外部表。

内部表：也称作管理表，内部表的数据存放在数据仓库的目录中，一旦被删除，表数据和对应元数据将一同被删除。

外部表：在创建外部表时，数据可以存放在指定的 HDFS 目录中，也可以存放在数据仓库中，还可以与指定的 HDFS 目录中数据相关联。当外部表数据被删除时，只有元数据被删除，实际数据不会被删除。

3. 分区

Hive 具有表分区的功能。每个表可以有一个或多个分区，即根据表的列值将表数据进行分目录存放。这些分区决定了数据存储方式。分区的引入使查询操作只扫描相关性高的那部分数据，从而大大提高了工作效率。

4. 桶

每个分区会根据表的某列数据的哈希值被分成若干个桶，每个桶对应分区下面的一个数据文件。

桶在数据存储上与分区不同的是，一个分区会存储为一个目录，数据文件存储于该目录中；而一个桶将存储为一个文件，数据内容存储于该文件中。

在 Hive 中，可以直接在普通表上创建分桶，也可以在分区表中创建分桶。

对表进行分区和分桶不是必需的。

5.2.2　数据类型

Hive的数据类型分为基本数据类型和复杂数据类型。

1. 基本数据类型

(1) 整型:TINYINT、SMALLINT、INT、BIGINT

(2) 布尔型:TRUE/FALSE

(3) 浮点型:FLOAT(单精度)、DOUBLE(双精度)

(4) 定点型:DECIMAL

(5) 字符型:STRING、VARCHAR、CHAR

(6) 日期和时间型:TIMESTAMP、DATE

(7) 二进制型:BINARY

2. 复杂数据类型

(1) 结构体

结构体(STRUCT)是一个记录类型,封装了一个命名字段集合。一个STRUCT类型的元素可以包含不同类型的其他元素,并且可以使用点符号“.”访问。代码如下。

```
CREATE TABLE student(id INT,message STRUCT < name:String,age:INT >)
SELECT * FROM student WHERE message.age > 20;
```

(2) 键值对

类似于Java中Map,使用键值对(MAP)存储数据,可以根据键访问值。代码如下。

```
CREATE TABLE student(id INT,message MAP < STRING,INT >)
SELECT * FROM student WHERE message[wangfan] = 20;
```

(3) 数组(ARRAY)

类似与Java中数组,数组中的所有元素的类型都相同。代码如下。

```
CREATE TABLE student(id INT,message ARRAY < STRING >)
SELECT * FROM student WHERE message[1]> 20;
```

5.3　Hive数据存储格式

关于Hive数据存储格式,需要研究行格式和文件存储格式。

1. 行格式

行格式(Row Format)解决如何将Hive中的每个数据行以及包含的属性按照一定的格式存储到文件中。在Hive中,每行数据在存储前都要进行序列化操作(Serializer),即将每行数据转化为二进制数据流存入文件,而在读取时要进行反序列操作(Deserializer)。Hive中默认使用的Serde接口称为延迟简单SerDe(LazySimpleSerDe),其使用回车符(ASCII码13)区分不同行,以CTRL-A(ASCII码1)区分一行中不同列,并且只有当某列数据被访问时才进行反序列化操作。

2. 文件存储格式(File Format)

Hive 支持以简单的纯文本文件存储数据,同时也支持以二进制文件的形式存储数据,而且二进制文件的存储方式还支持面向行和面向列两种形式。

(1) 默认的文本文件存储格式

Hive 默认的数据存储格式是文本文件格式。每行数据以回车符进行分割,一行内不同的列之间用 CTRL-A 进行分割。此外,还使用 CTRL-B 对集合中的数据进行分割;使用 CTRL-C 对 Map 的 Key 和 Value 进行分割。该存储格式适合 MapReduce 程序进行处理,缺点是占用空间大,I/O 效率低。

(2) 面向行的序列文件存储格式

面向行的序列文件存储格式(SequenceFile)是 Hadoop API 提供的一种二进制文件,它将数据以< key,value >的形式序列化到文件中。这种二进制文件内部使用 Hadoop 的标准的 Writable 接口实现序列化和反序列化,其最大的优点是支持可分割的压缩。数据的组织形式是采用面向行的方式。SequenceFile 支持三种压缩选择:NONE, RECORD 和 BLOCK。Record 压缩率低,一般建议使用 BLOCK 压缩。

(3) 面向列的文件存储格式

为了解决面向行的存储效率问题,Hive 提供了面向列的文件存储格式(Record Column File, RCFile)文件存储格式。按照"先水平,再垂直"原则切分文件,将若干数据行组合为一个行组(Row Group),每个行组存放于一个 HDFS Block 中,这样可以确保同一行的数据存储在同一节点上。每个行组的数据段部分,将按列的形式存储数据。这样就结合了行存储与列存储的各种优点。

(4) ORCFile 存储格式

ORCFile(OptimizedRC File)为优化的 RCFile 存储格式。Hive/Spark 都支持这种存储格式,其存储采用数据按照行分块的方式,每个块按照列存储,其中每个块都存储有一个索引。ORCFile 存储格式的特点是数据压缩率非常高。

5.4 Hive 运行模式

Hive 根据 Metastore Server 的位置的不同可以分为三种运行模式:内嵌模式、本地模式和远程模式。

内嵌模式是 Hive 入门的最简单的方式,是 Hive 默认的启动模式,使用 Hive 内嵌的 Derby 数据库存放元数据,并将数据存放于本地磁盘上。在这种模式下,元数据库服务器(MetaStore Server)、Hive 服务器、Derby 运行于同一 JAVM 进程中。因为每次只能允许一个会话对 Derby 中数据进行访问,所以内嵌模式只能用于测试,不建议用于生产环境。

本地模式需要其他关系数据库存储 Hive 元数据信息,最常用是 Mysql。在这种模式下,元数据库服务器和 Hive 服务器仍然运行于同一 JVM 进程中。但由于 Mysql 数据库单独运行在另一进程中,可以是同一台计算机或网络上的其他计算机,因此可以支持多会话和多用户对 Hive 的访问。

远程模式将元数据库服务器分离出来,作为一个单独进程,可以部署多个,运行在不同计算机上。这样可以将数据库层置于防火墙之后,提高了安全性和可管理性。

5.5 Hive 数据库操作

5.5.1 创建数据库

创建数据库的命令如下。

```
CREATE (DATABASE|SCHEMA) [IF NOT EXISTS] database_name
[COMMENT database_comment]
[LOCATION hdfs_path]
[WITH DBPROPERTIES (property_name = property_value,…)];
```

其中关键字含义如下。

IF NOT EXISTS：当数据库不存在时进行创建，存在时则忽略本次操作。

COMMENT：添加注释。

LOCATION：指定数据库在 HDFS 中地址，不使用默认数据仓库地址。

WITH DBPROPERTIES：指定数据库属性信息，属性名和属性值均可以自定义。

DATABASE 和 SCHEMA 关键字功能一样且可以互换，都代表数据库。

例如，创建数据库 db_h1，命令如下。

```
hive> CREATE DATABASE db_h1;
```

创建数据库 db_h2，并指定在 HDFS 上的存储位置，命令如下。

```
hive> CREATE DATABASE db_h2 LOCATION '/input_data/db_hive.db'
```

创建数据库 db_h3，并定义相关属性，命令如下。

```
hive> CREATE DATABASE IF NOT EXISTS db_h3
    > WITH DBPROPERTIES('creator'='wang','date'='2020-09-15')
```

5.5.2 修改数据库

(1) 修改数据库所有者

```
ALTER (DATABASE|SCHEMA) database_name SET OWNER [USER|ROLE] user_or_role;
```

例如，修改数据库 hivedb 的所有者为用户 root，命令如下。

```
hive> ALTER DATABASE hive_db SET OWNER USER root;
```

(2) 修改自定义属性

```
ALTER (DATABASE|SCHEMA) database_name SET DBPROPERTIES
(property_name = property_value,…);
```

例如，添加自定义属性 createtime，命令如下。

```
hive > ALTER DATABASE hivedb SET DBPROPERTIES('createtime'='20200930');
```

(3) 修改数据库存储位置

```
ALTER (DATABASE|SCHEMA) database_name SET LOCATION hdfs_path;
```

5.5.3 选择数据库

选择某一个数据库作为操作数据库，命令如下。

```
USE database_name;
```

例如，选择数据库 hive_db，命令如下。

```
hive > USE hive_db;
```

5.5.4 删除数据库

删除数据库的命令如下。

```
DROP (DATABASE|SCHEMA) [IF EXISTS] database_name [RESTRICT|CASCADE];
```

关键字含义如下。

IF EXISTS：当数据库不存在时，忽略本次操作，不抛出异常。

RESTRICT|CASCADE：约束|级联。默认为约束，即如果被删除的数据库中有表数据，则删除失败；如果指定为级联，无论数据库中是否有表数据，都将强制删除。

例如，删除数据库 hivedb，若数据库中无表数据，则删除成功；若数据库中有表数据，则抛出异常。代码如下。

```
hive > DROP DATABASE hivedb;
```

删除数据库 hivedb，无论数据库中是否有表数据都强制删除。命令如下。

```
Hive > DROP DATABASE hivedb CASCADE;
```

5.5.5 显示数据库

显示当前所有数据库的命令如下。

```
hive > show databases;
```

其中，default 为默认数据库。

过滤显示数据库的命令如下。

```
hive> show databases like 'db*';
```

查看当前所使用的数据库的命令如下。

```
hive> SELECT current_database();
```

显示数据库的属性描述信息的命令如下。

```
hive> desc database extended hivedb;
```

5.6 Hive 表操作

Hive 的表由实际存储的数据和元数据组成。实际数据一般存储于 HDFS 中，元数据一般存储于关系数据库中。默认创建的普通表被称为管理表或内部表。内部表的数据由 Hive 进行管理，默认存储于数据仓库目录。删除内部表时，表数据与元数据将被一起删掉。

Hive 也可以使用关键字"EXTERNAL"创建外部表。外部表的数据可以存储在数据仓库以外的位置。外部表在创建时可以关联 HDFS 中已经存在的数据，也可以直接添加数据。删除外部表不会删除表数据，但是元数据将会被删除。

5.6.1 基本语法

Hive 中创建表的命令如下。

```
CREATE [TEMPORARY] [EXTERNAL] TABLE [IF NOT EXISTS] [db_name.]table_name-- (Note: TEMPORARY available in Hive 0.14.0 and later)
    [(col_name data_type [COMMENT col_comment], ... [constraint_specification])]
    [COMMENT table_comment]
    [PARTITIONED BY (col_name data_type [COMMENT col_comment], ...)]
    [CLUSTERED BY (col_name, col_name, ...) [SORTED BY (col_name [ASC|DESC], ...)] INTO num_buckets BUCKETS]
    [SKEWED BY (col_name, col_name, ...)  -- (Note: Available in Hive 0.10.0 and later)]
       ON ((col_value, col_value, ...), (col_value, col_value, ...), ...)
       STORED AS DIRECTORIES]
    [
     [ROW FORMAT row_format]
     [STORED AS file_format]
       | STORED BY 'storage.handler.class.name' [WITH SERDEPROPERTIES (...)]  -- (Note: Available in Hive 0.6.0 and later)
     ]
     [LOCATION hdfs_path]
     [TBLPROPERTIES (property_name=property_value, ...)]  -- (Note: Available in Hive 0.6.0 and later)
     [AS select_statement];  -- (Note: Available in Hive 0.5.0 and later; not supported for external tables)
```

常用关键字含义解析如下。

- CREATE TABLE:创建表,后面跟上表名。
- TEMPORARY:声明临时表。
- EXTERNAL:声明外部表。
- IF NOT EXISTS:如果存在表则忽略本次操作,且不抛出异常。
- PARTITIONED BY:创建分区。
- CLUSTERED BY:创建分桶。
- SORTED BY:在桶中按某个字段排序。
- SKEWED BY ON:将特定字段的特定值标记为倾斜数据。
- ROW FORMAT:自定义 SerDe 格式或使用默认的 SerDe 格式。若不指定或设置为 DELIMITED,将使用默认的 SerDe 格式。在指定表的列的同时,也可以指定自定义的 SerDe。
- STORED BY:用户自己指定的非原生数据格式。
- WITH SERDEPROPERTIES:设置 SerDe 的属性。
- LOCATION:指定表在 HDFS 上的存储位置。
- TBLPROPERTIES:自定义表的属性。

可以使用 LIKE 关键字复制已经存在表的结构,但不复制数据,命令如下。

```
CREATE [TEMPORARY] [EXTERNAL] TABLE [IF NOT EXISTS] [db_name.]
table_name LIKE existing_table_or_view_name
[LOCATION hdfs_path]
```

在创建表时,需要指定表所在的数据库,方法如下。

- 在创建表之前,使用 USE 命令。
- 在表名前添加数据库声明。

5.6.2 创建数据表

Hive 创建的表一般存放在 HDFS 中,也可以存放在其他任何 Hadoop 文件系统中,包括本地文件系统。创建表的默认配置是建立由 Hive 管理的内部数据表,这种情况下,Hive 将把数据文件移动到其管理的数据仓库目录下。示例如下。

```
CREATE TABLEuser (uname STRING,phone INT);
```

Hive 可以创建的另一类数据表称为外部数据表,Hive 将只创建并管理外部数据表的元数据,而数据文件仍然使用原始文件,示例如下。

```
CREATE EXTERNAL TABLE log (oname STRING,host STRING,data INT) LOCATION '/data/file/log.txt';
```

内部表和外部表在使用时的最大区别主要体现在加载数据和删除表操作。

分区(Partition)和桶(Bucket)是对数据表进行划分,以提高数据查询效率。分区可以将数据表按照某个列进行切分,然后存放在不同的目录下。一种常见的分区方式是将日志文件中的大量记录按照日期进行分区存放,这样对常见的按照日期进行日志查询的操作速度就会大大提高。示例如下。

```
CREATE TABLElog (phone STRING,host STRNG)
        PARTITIONED BY (date STRING);
LOAD DATA INPATH '/data/log_20201201.txt' INTO table log
        PARTITIONED BY(date = '2020-12-01');
```

在上面的建表命令中,date 没有出现在列描述区域中,仅出现在指定分区的语句段。

需要注意的是,创建表时指定的表的列中不应该包含分区列,分区列需要使用关键字 PARTITIONED BY 在后面单独指定。Hive 将把分区列排在普通列之后。

可以通过 SHOW PARTITONS 命令查看已有分区。示例如下。

```
hive > SHOW PARTITIONS log;
```

桶的作用是提高查询效率。创建指定桶的数据表需要使用 CLUSTERED BY 子句。该子句指定划分桶所使用的列和桶的个数。示例如下。

```
CREATE TABLE user (phone STRING,type INT)
        CLUSTERED BY (phone) INTO 5 BUCKETS;
```

上面的语句使用用户手机号作为划分桶的字段,并生成 5 个桶。这样,在数据存储时,将手机号进行哈希计算并对 5 取模,由此决定存放在哪一个桶中。

5.6.3 修改数据表

Hive 允许对已经创建好的表进行修改,包括表名、列名、列字段类型、增加列或替换列。具体可以使用 HiveQL 命令 ALTER TABLE。示例如下。

```
ALTER TABLEuser RENAME TO new_user;
```

以上命令完成表 user 的重新命名。

在重命名数据表时,如果是内部表,数据文件所在的目录也会被重新命名;如果是外部表,则只会修改元数据,不会操作数据文件和目录。

以下命令完成增加列、修改列、删除列(替换列)的操作。

```
ALTER TABLEuser ADD COLUMNS (new_col STRING);
ALTER TABLE user CHANGE [COLUMN] new_col new_column INT;
ALTER TABLE user REPLACE COLUMNS (phone STRING,type INT);
```

5.6.4 加载数据

Hive 可以从本地文件系统或 HDFS 中导入数据文件,这一过程称为加载数据。加载数据的命令是 LOAD DATA。对于内部表和外部表的导入命令是相同的。示例如下。

```
LOAD DATA INPATH '/data/user.txt' INTO table user;
LOAD DATA INPATH '/data/log.txt' INTO table log;
```

对于内部表,加载数据相当于移动操作;对于外部表,加载数据仅仅建立元数据。

复制数据表的作用是将一个表中数据复制到另一个表中。HiveQL 支持单表复制、多表复制和创建表时复制。

单表复制与多表复制可以通过使用 INSERT OVERWRITE TABLE 命令。示例如下。

```
CREATE TABLEclone_log_f (phone STRING,host STRING,date STRING);
INSERT OVERWRITE TABLE clone_log_f
SELECT phone,host,date FROM log;
```

以上语句实现了使用 log 表复制出一个同样的表 clone_log_f。

```
CREATE TABLEclone_log_f1 (date STRING,count INT);
CREATE TABLEclone_log_f2 (date STRING,count INT);
FROM log
        INSERT OVERWRITE TABLE clone_log_f1
            SELECT date,COUNT(1) GROUP BY date
        INSERT OVERWRITE TABLE clone_log_f2
            SELECT date,COUNT(DISTINCT host) GROUP BY date;
```

以上语句实现了读取一次源数据表 log,生成了两个统计表。

5.6.5 删除数据表及查看表结构

删除表使用的命令是 DROP TABLE。对于内部表,该操作完成删除元数据与数据文件的任务;对于外部数据表,仅删除元数据。示例如下。

```
DROP TABLE clone_log;
```

使用 DESC 命令可以查看表结构,示例如下。

```
DESCstudent;
```

显示表 student 的详细结构信息,示例如下。

```
DESC FORMATTED student;
```

5.7 Hive 数据查询

以下语句使用 ALL 和 DISTINCT 选项区分对重复记录的处理。ALL 表示查询所有记录,DISTINCT 表示去掉重复的记录。

```
SELECT [ALL | DISTINCT] select_expr, select_expr, ...
FROM table_reference
[WHERE where_condition]
```

```
[GROUP BY col_list [HAVING condition]]
[ CLUSTER BY col_list
| [DISTRIBUTE BY col_list] [SORT BY| ORDER BY col_list]
]
[LIMIT number]
```

常用关键字含义解析如下。

- WHERE:类似我们传统 SQL 的 where 条件。
- ORDER BY:全局排序,只有一个 Reduce 任务。
- SORT BY:只在本机做排序。
- LIMIT:限制输出的个数和输出的起始位置。

5.7.1　SELECT 子句查询

(1) WHERE 子句

WHERE 条件是布尔表达式,可以支持许多操作符和自定义函数。示例如下。

```
SELECT * FROM sales WHERE amount > 10 AND region = "china"
```

(2) ALL 与 DISTINCT 子句

ALL 与 DISTINCT 指定是否返回重复的行。默认为 ALL(返回所有匹配的行),示例如下。

```
hive > SELECT col1,col2 FROM t1
1 3
1 3
2 6
2 5
```

如果去掉重复的行,示例如下。

```
Hive > SELECT DISTINCT col1,col2 FROM t1
1 3
2 6
2 5
```

(3) GROUP BY 子句

GROUP BY 用于对表中的列进行分组查询。

例如,根据用户和性别统计数量,语句如下。

```
SELECT user,gender,count( * )
FROM users
GROUP BY user,gender
```

(4) HAVING 子句

HAVING 用于对 GROUP BY 产生的分组进行过滤。示例如下。

```
SELECT col1 FROM t1 GROUP BY col1 HAVING SUM(col2)> 0;
```

(5) LIMIT 子句

LIMIT 用于限制 SELECT 语句返回的行数。如果是两个参数,则第一个参数指定要返回的开始行的偏移量(从 0 开始),第二个参数指定要返回的最大行数;如果是一个参数,则表示最大行数,偏移默认值为 0。

例如,返回前 5 条数据,语法如下。

```
SELECT * FROM customers LIMIT 5;
```

例如,创建时间最早的第 3 到第 7 条数据,语法如下。

```
SELECT * FROM customers ORDER BY create_date LIMIT 3,7;
```

(6) ORDER BY 和 SORT BY 子句

ORDER BY 用于对全局结果进行排序。这意味着所有数据只能通过一个 reduce 进行处理(多个 reduce 无法保证全局有序)。当数据量特别大时,处理结果将非常慢。

SORT BY 只是对进入 reduce 中的数据进行排序,相当于局部排序,可以保证每个 reduce 的输出数据都是有序的,但保证不了全局数据的顺序。

当 reduce 的数量都为 1 时,使用 ORDER BY 和 SORT BY 的排序结果是一样的;但如果 reduce 的数量大于 1,排序结果将不同。

(7) DISTRIBUTE BY 和 CLUSTER BY 子句

MapReduce 中的数据是以键值对的方式进行组织的。默认方式下,MapReduce 会根据键的哈希值均匀地将键值对分配到多个 reduce 中。而 DISTRIBUTE BY 的作用就是控制如何将键值对分配到 reduce 中。使用 DISTRIBUTE BY 可以保证某一列具有相同值的记录被分配到同一 reduce 中处理,然后可以结合 SORT BY 对每一个 reduce 的数据进行排序。

例如,可以处理按同一用户排列,同时按日期排序这样的业务,语法如下。

```
hive> SELECT t.user_id,t.order_date FROM order_message t
> DISTRIBUTE BY t.user_id
> SORT BY t.order_date DESC;
```

CLUSTER BY 同时具有 DISTRIBUTE BY 和 SORT BY 的功能,但是其排序只能升序,不能指定 DESC 及 ASC。

(8) UNION 子句

UNION 用于将多个 SELECT 语句的结果合并到单个结果集中。语法如下。

```
select_statement UNION[ALL|DISTINCT] select_statement UNION [ALL |DISTINCT]select_statement ...
```

在 1.2.0 之前的 Hive 版本只支持 UNION ALL,即不会发生重复行删除。在 1.2.0 之后的 Hive 版本默认从结果中剔除重复的行,即默认为 UNION DISTINCT。

如果必须对 UNION 的结果进行一些处理，则整个语句表达式可以嵌入 FROM 子句中，语法如下。

```
SELECT *
FROM (
select_statement
UNION ALL
select_statement
)unionResult
```

具体示例如下。

```
SELECT u.id,action.date
FROM(
SELECT av.uid AS uid
FROM action_viedeo av
UNION ALL
SELECT ac.uid AS uid
FROM action_comment ac
WHERE ac.date = '2000-06-16'
)action JOIN users u ON(u.id = actions.uid)
```

5.7.2 JOIN 连接查询

Hive 中没有主外键之分，但是可以进行多表关联查询。

(1) 内连接

内连接使用 JOIN…ON 通过关联字段连接两张表，且关联字段的值必须在两张表中都存在，才在查询结果出现。

具体来讲，可以实现用户表与订单表根据 uid 进行关联查询。命令如下。

```
SELECT * FROM user
JOIN porder ON user.uid = porder_uid
```

(2) 左外连接

左外连接以左表为准，使用关键字 LEFT OUTER JOIN…ON，通过关联字段连接右表。与内连接不同是，左表中的所有数据都会显示。若右表中对应的数据不存在，则置为空值 NULL。示例如下。

```
hive > SELECT * FROM user
> LEFT OUTER JOIN p_order
> ON user.uid = p_order.uid
```

结果将保证左表数据都在，而右表中没有其关联的数据则用 NULL 代替。

(3) 右外连接

右外连接与左外连接正好相反,以右表为准。使用关键字 RIGHT OUTER JOIN…ON。右表中数据都会显示,左表中不存在关联关系的数据被置为 NULL。

(4) 全外连接

全外连接是左外连接与右外连接的综合。使用关键字 FULL OUTER JOIN…ON,将会显示两张表中的所有数据。若其中一张表中关联字段的值在另外一张表中不存在,不存在的数据用空 NULL 代替。

(5) 半连接

半连接使用关键字 LEFT SEMI JOIN…ON 通过关键字段连接右表。与外连接不同是,半连接的查询结果只显示左边内容,即显示与右表相关联的左表数据。

5.8 Hive Linux Shell 命令

1. 在 Linux Shell 中执行的 Hive 命令

在 Linux 中执行"hive-help",可以显示常用的、能直接在 Linux Shell 中执行的 Hive 命令参数。下面将解释一些常用的参数。

(1) -database

指定要使用的数据库。例如,在 Linux Shell 中执行以下命令,指定使用的数据库。具体如下。

```
$ hive --database test_db
hive>
```

(2) -e

在 Linux Shell 中执行需要使用的 SQL 语句。例如,在 Linux Shell 中执行以下命令,将直接使用默认数据库"default"查询表"student",且不会进入 Hive 命令行模式。具体如下。

```
$ hive -e "select * from student;"
```

(3) -f

批量执行本地系统或 HDFS 系统中指定文件中 SQL 语句。具体如下。

```
$ hive -f /home/had/h.sql
```

(4) --hiveconf

启动系统 CLI 时,给指定的属性设置值。具体如下。

```
$ hive --hiveconf mapred,reduce,tasks = 10
```

以上命令实现启动 Hive CLI 时设置 reduce 任务数为 10。

2. 在 Hive CLI 中执行 Linux Shell 命令

在 Hive CLI 也可以执行 Linux Shell 命令,这时只需要在 Shell 命令前加上感叹号,并以分号结尾即可。具体如下。

```
hive>! jps;
```

查看本地系统某个文件夹的文件列表。

3. 退出 Hive CLI

在 Hive CLI 中执行"exit"或"quit"命令即可退出 Hive CLI 命令模式。

5.9 Hive JDBC 操作

在搭建好 Hive 远程模式后,就可以使用 JDBC 远程访问 Hive 了。具体步骤如下。

1. 修改用户权限

使用 JDBC 或 Beeline CLI 连接 Hive,都需要在 Hdoop 中为 Hive 开通代理用户权限。修改 Hadoop 配置文件 core-site. xml。添加如下配置内容。

```
<property>
<name>hadoop.proxyuser.hadoop.hosts</name>
<value>*</value>
</property>
<property>
<name>hadoop.proxyuser.hadoop.groups</name>
<value>*</value>
</property>
```

2. 启动 HiveServer2 服务

使用 JDBC 或 Beeline CLI 访问 Hive,都需要首先启动 HiveServer2 服务。命令如下。

```
$ hive --service hiveserver2 &
```

其中,符号"&"代表使服务在后台运行。

3. 新建 Java 项目

在 Eclipse 中新建一个 Java Maven 项目,并在 pom. xml 文件中添加以下 Maven 依赖。命令如下。

```
<! —Hive JDBC 依赖包-->
<dependency>
<groupId>org.apache.hive</groupId>
<artifactId>hive-jdbc</artifactId>
<version>2.3.3</version>
</dependency>
<! —指定 jdk 工具包的位置,需要本地配置环境变量 JAVA_HOME-->
<dependency>
<groupId>jdk.tools</groupId>
<artifactId>jdk.tools</artifactId>
```

```
<version>1.8</version>
<scope>system</scope>
<systemPath>${JAVA_HOME}/lib/tool.jar</systemPath>
</dependency>
```

由于 Hive JDBC 依赖包隐式引用 JDK 工具包 tools.jar，而 tools.jar 在 Maven 仓库中不存在，因此需要指定 JDK 工具包的位置。

4. 编写 JDBC 程序

Hive JDBC 程序编写与使用其他数据库类似，分为以下五个步骤。

① 加载 JDBC 驱动。使用 Class.forName()加载驱动。

② 获取连接。使用 DriverManager 类获取 Hvie 连接。

③ 执行查询。通过 Statement 对象的 executeQuery()方法执行查询命令。

④ 处理结果。通过 ResultSet 对象获取返回结果。

⑤ 关闭连接。具体示例如下。

```
import java.sql.Connection;
import java.sql.DriverManager;
import java.sql.ResultSet;
import java.sql.Statement
public class HiveJdbcTest{
  public static void main(String[] args)throws Excepton{
    String driver = "org.apache.hive.jdbc.HiveDriver";//驱动
    String url = "jdbc:hive2://192.168.170.133:10000/default";//连接串
    String username = "hadoop";//用户
    String password = "";//密码,默认为空
    Class.forName(driver);//加载驱动
//获取连接
  Connection conn = DriverManager.getConnection(url,username,password);
Statement stmt = conn.createStatement();
//执行查询
ResultSet res = stmt.executeQuery("select * from student");
//处理结果
while(res.next()){
    System.out.println(res.getInt(1) + "\t" + res.getString(2));
    }
//关闭
  res.close();
  stmt.close();
  conn.close();
  }
}
```

5. 运行程序

在 Eclipse 中运行程序,观察控制台结果。

小　结

本章主要介绍了 Hive 的基本原理与简单应用。Hive 可以将类 SQL 语句(Hive QL)转化为 MapReduce(或 Apache Spark 和 Apache Tez)任务执行,减少了开发 MapReduce 程序的时间。

Hive 主要提供了三类用户操作接口。第一类是命令行接口(CLI),第二类是 Web 界面,第三类是 Hive 应用。

在 Hive 中,数据以库(Database)、表(Table)、分区(Partition)和桶(Bucket)的层次进行组织。这样不仅可以使用简单数据类型,也提供了复杂数据类型;既支持简单纯文本存储数据,又支持二进制文件的存储方式。

根据 Metastore Server 的位置可以分为三种运行模式:内嵌模式、本地模式和远程模式。

在 Hive 体系中,提供了分析人员使用的类 SQL。这种类 SQL 与传统的 SQL 相近,同时也针对实际需要对 SQL92 做了一定扩展。

关于 Hive 中的表(Table),可分为内部表和外部表。

习　题

1. 选择题

(1) 在 Hive 中,CLI 是(　　)。

A. Hive 命令行界面(模式)　　B. 驱动程序

C. 服务　　D. 数据定义

(2) 元数据库中存放了(　　)。

A. 用户数据信息　　B. Hive 中与数据表相关的元数据

C. 配置信息　　D. 处理语句

(3) 在 Hive 中,数据以库(Database)、表(Table)、分区(Partition)和(　　)的层次进行组织。

A. 索引　　B. 目录　　C. 桶(Bucket)　　D. 服务

(4) Hive 支持以简单的纯文本文件存储数据,同时也支持以(　　)存储数据。

A. 图像文件形式　　B. 序列文件形式

C. 编码文件形式　　D. 二进制文件的形式

(5) Hive 根据 Metastore Server 的位置的不同可以分为三种运行模式:内嵌模式、本地模式和(　　)。

A. 远程模式　　B. 全模式

C. 内部模式　　D. 用户模式

(6) 在 Hive 中,创建数据库命令中的 LOCATION,(　　),不使用默认数据仓库地址。

A. 用来指定通信位置　　B. 用来指定数据库在 HDFS 中地址

C. 用来规定使用地址　　D. 用来说明交换地址

(7) HiveQL 支持单表复制、多表复制和(　　)。

A. 临时复制　　B. 实时复制　　C. 创建表时复制　　D. 事务复制

(8) ALL 与 DISTINCT 指定是否返回(　　)。

A. 统计行　　B. 计算行　　C. 抽样数据　　D. 重复的行

(9) 在 Hive CLI 中执行"exit"或"quit"命令即可退出(　　)。

A. Hive CLI 命令模式　　B. 停止系统

C. 终止命令执行　　D. 运行模式

(10) 使用 JDBC 或 Beeline CLI 访问 Hive 都需要首先启动(　　)。

A. 远程模式　　B. HiveServer2 服务

C. CLI　　D. JDBC 服务

2. 填空题

(1) 本地模式需要其他关系数据库存储 Hive 元数据信息,最常用是(　　)。

(2) ALTER (DATABASE|SCHEMA) database_name SET LOCATION (　　)。

(3) Hive 也可以使用关键字"EXTERNAL"创建(　　)。

(4) 如果必须对 UNION 的结果进行一些处理,则整个语句表达式可以嵌入(　　)子句中。

(5) 在 Linux 中执行"hive-help",可以显示常用的可以直接在 Linux Shell 中执行的 Hive (　　)。

3. 问答题

(1) 简述 Hive 3 种运行模式。

(2) 简述 Hive 数据类型。

(3) 简述 Hive 创建数据表的过程。

4. 上机训练

(1) 完成 Hive 本地模式的安装。

(2) 完成 Hive JDBC 环境配置。

第 6 章　分布式计算模型 MapReduce

导言

Hadoop 由分布式文件系统 HDFS 和分布式计算框架 MapReduce 这两部分组成。其中，分布式文件系统 HDFS 主要用于大规模数据的分布式存储，我们已经在第 3 章中详细讲解，而 MapReduce 构建在分布式文件系统之上，对存储在分布式文件系统中的数据进行分布式计算，本章节将对 MapReduce 的工作流程进行详细讲解。

本章主要介绍分布式计算模型 MapReduce 的概念、工作流程和应用。

本章学习目标

➢ 知识目标

- 掌握 MapReduce 的基本概念
- 掌握 MapReduce 的工作流程
- 掌握 Map 和 Reduce 函数

➢ 能力目标

- 能利用 MapReduce 在实际应用中实现并行计算

6.1 概　　述

MapReduce 是一种面向大数据并行处理的计算模型、框架和平台，最早是由 Google 公司研究提出的。MapReduce 的推出给大数据并行处理带来了巨大的革命性影响，使其已经成为事实上的大数据处理的工业标准。尽管 MapReduce 还有很多局限性，但人们普遍公认，MapReduce 是到最为成功、最广为接受和最易于使用的大数据并行处理技术。我们可以从以下三个方面认识 MapReduce。

① MapReduce 是一个基于集群的高性能并行计算平台(Cluster Infrastructure)。它允许用市场上普通的商用服务器构成一个包含数十、数百至数千个节点的分布和并行计算集群。

② MapReduce 是一个并行计算与运行软件框架(Software Framework)。它提供了一个庞大但设计精良的并行计算软件框架，能自动完成计算任务的并行化处理，自动划分计算数据和计算任务，在集群节点上自动分配和执行任务以及收集计算结果，将数据分布存储、数据通信、容错处理等并行计算涉及的很多系统底层的复杂细节交由系统负责处理，大大减少了软件开发人员的负担。

③ MapReduce 是一个并行程序设计模型与方法(Programming Model & Methodology)。它借助于函数式程序设计语言 Lisp 的设计思想，提供了一种简便的并行程序设计的方法，用 Map 和 Reduce 两个函数编程实现基本的并行计算任务，提供了抽象的操作和并行编程接口，

以简单、方便地完成大规模数据的编程和计算处理。

6.2 MapReduce 工作流程

6.2.1 工作流程概述

可以利用 MapReduce 处理大数据集，其处理过程如图 6-1 所示。简而言之，MapReduce 的计算过程就是将大数据集分解为成百上千的小数据集，每个(或若干个)数据集分别由集群中的一个节点(一般就是一台普通的计算机)进行处理并生成中间结果，这些中间结果又由大量的节点进行合并，形成最终结果。

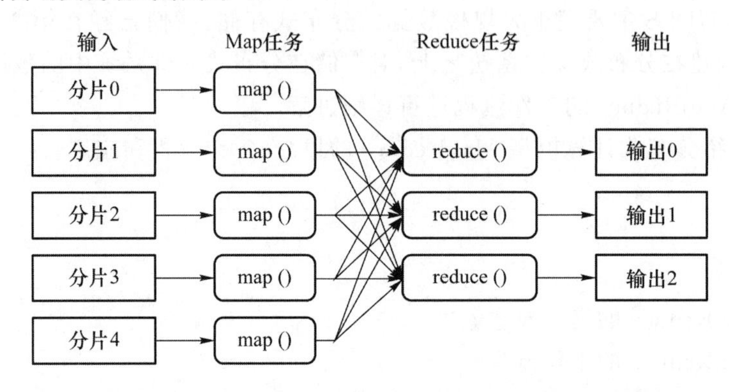

图 6-1 MapReduce 工作流程

MapReduce 的输入一般来自 HDFS 中的文件，这些文件存储在集群内的节点上。运行一个 MapReduce 程序会在集群的许多节点甚至所有节点上运行 mapping 任务，每一个 mapping 任务都是平等的——mappers 没有特定"标识物"与其关联。因此，任意的 mapper 都可以处理任意的输入文件。每一个 mapper 会加载一些存储在运行节点上的本地文件集来进行处理。

当 mapping 阶段完成后，这阶段所生成的中间"键值对"数据必须在节点间进行交换，把具有相同键的数值发送到同一个 reducer。Reduce 任务在集群内的分布节点同 mapper 的一样。这是 MapReduce 中唯一的任务节点间的通信过程。Map 任务之间不会进行任何的信息交换，也不会去关心其他的 Map 任务的存在。相似地，不同的 reduce 任务之间也不会有通信。用户不能显式地从一台机器发送信息到另外一台机器；所有数据传送都是由 Hadoop MapReduce 平台自身去做的，这些是通过关联到数值上的不同键来隐式引导的。这是 Hadoop MapReduce 的可靠性的基础元素。

6.2.2 MapReduce 各个执行阶段

一般而言，Hadoop 的一个简单的 MapReduce 任务执行的流程如图 6-2 所示，主要包括以下六个部分。

① JobTracker 负责分布式环境中实现客户端创建任务并提交。

② InputFormat 模块负责做 Map 前的预处理，主要包括以下几个工作：验证输入的格式是否符合 JobConfig 的输入定义，可以是专门定义或者是 Writable 的子类。将 input 的文件切分为逻辑上的输入 InputSplit，因为在分布式文件系统中 blocksize 是有大小限制的，因此大文件会被划分为多个较小的 block。通过 RecordReader 来处理经过文件切分为 InputSplit 的

一组 records，输出给 Map。因为 InputSplit 是逻辑切分的第一步，如何根据文件中的信息来具体切分还需要 RecordReader 完成。

③ 将 RecordReader 处理后的结果作为 Map 的输入，然后 Map 执行定义的 Map 逻辑，输出处理后的<key,value>对到临时中间文件。

④ Shuffle & Partitioner。在 MapReduce 流程中，为了让 reduce 可以并行处理 map 结果，必须对 map 的输出进行一定的排序和分割，然后交给对应的 reduce，而这个将 map 输出进行进一步整理并交给 reduce 的过程，就称为 Shuffle。Partitioner 是选择配置，主要作用是在多个 Reduce 的情况下，指定 Map 的结果由某一个 Reduce 处理，每一个 Reduce 都会有单独的输出文件。

⑤ Reduce 执行具体的业务逻辑，即用户编写的处理数据得到结果的业务，并且将处理结果输出给 OutputFormat。

⑥ OutputFormat 的作用是验证输出目录是否已经存在以及输出结果类型是否符合 Config 中配置类型，如果都成立，则输出 Reduce 汇总后的结果。

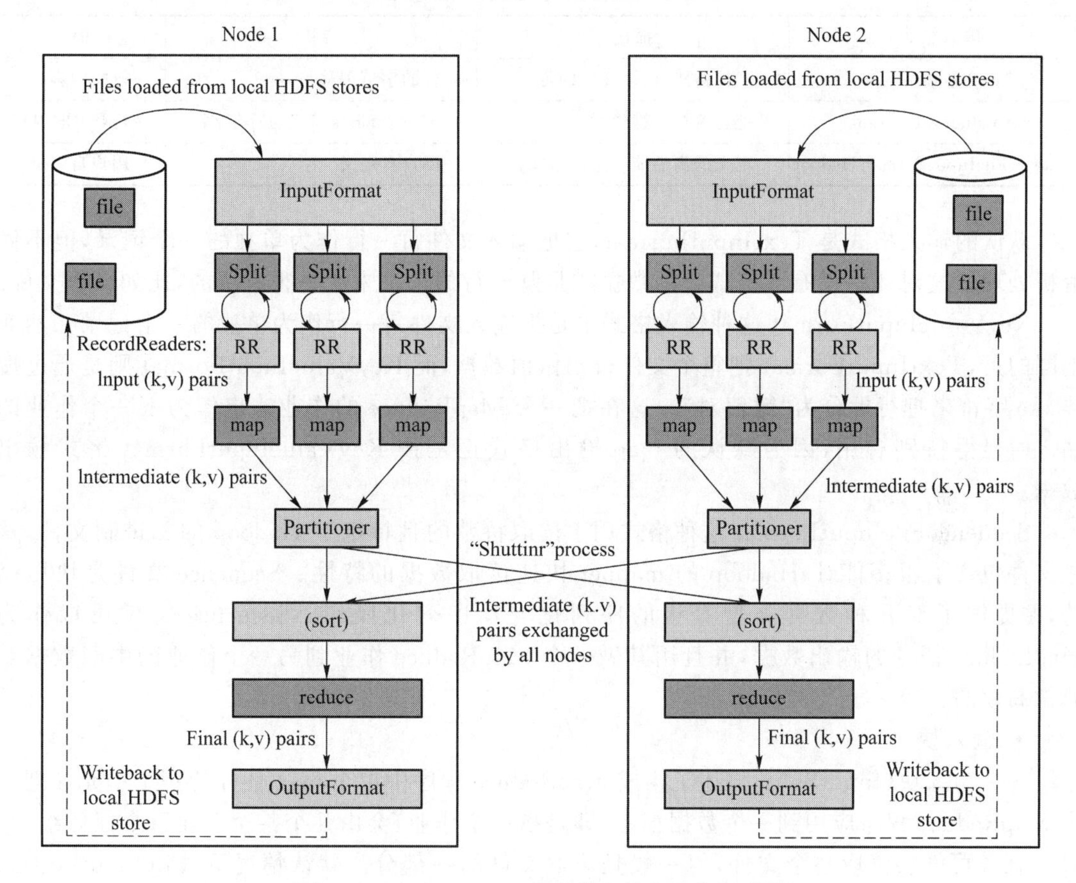

图 6-2　MapReduce 工作流程中的各个执行阶段

接下来简单介绍 MapReduce 过程的各个部分，包括输入文件、输入格式、输入块、记录读取器、Mapper、Partion & Shuffle、Reducer、输出格式、RecordWriter。

- 输入文件

输入文件是 MapReduce 任务的数据的初始存储地。正常情况下，输入文件一般是存在 HDFS 里。这些文件的格式可以是任意的，我们可以使用基于行的日志文件，也可以使用二进制格式,多行输入记录或其他一些格式。这些文件会达到数十吉字节或者更大。

- 输入格式

InputFormat 类定义了如何分割和读取输入文件,它提供了以下三个功能。

① 选择作为输入的文件或对象。

② 定义把文件划分到任务的 InputSplits。

③ 为 RecordReader 读取文件提供了一个工厂方法。

Hadoop 自带多个输入格式,其中有一个抽象类叫 FileInputFormat,所有操作文件的 InputFormat 类都是从它那里继承功能和属性。当开启 Hadoop 作业时,FileInputFormat 会得到一个路径参数,这个路径内包含了所需要处理的文件,FileInputFormat 会读取这个文件夹内的所有文件(默认情况下不包括子文件夹内的文件),然后它会把这些文件拆分成一个或多个 InputSplit。我们可以通过 JobConf 对象的 setInputFormat()方法来设定应用到作业输入文件上的输入格式。表 6-1 给出了 MapReduce 提供的输入格式。

表 6-1　MapReduce 提供的输入格式

输入格式	描述	键	值
TextInputFormat	默认格式,读取文件的行	行的字节偏移量	行的内容
KeyValueInputFormat	把行解析为键值对	第一个 tab 字符前的所有字符	行剩下的内容
SequenceFileInputFormat Hadoop	定义的高性能二进制格式	用户自定义	用户自定义

默认的输入格式是 TextInputFormat,它把输入文件每一行作为单独的一个记录,但不做解析处理。这对那些没有被格式化的数据或是基于行的记录来说是很有用的,比如日志文件。

KeyValueInputFormat 这种输入格式也是把输入文件每一行作为单独的一个记录。然而不同的是,TextInputFormat 把整个文件行当做值数据,而 KeyValueInputFormat 则是通过搜寻 tab 字符来把行拆分为“键值对”。这在把一个 MapReduce 的作业输出作为下一个作业的输入时显得特别有用,因为默认的 map 输出格式正是按 KeyValueInputFormat 格式输出数据。

SequenceFileInputFormat 这种格式用于读取特殊的且特定于 Hadoop 的二进制文件,这些文件包含了很多能让 Hadoop 的 mapper 快速读取数据的特性。Sequence 文件是块压缩的,并提供了对几种数据类型直接的序列化与反序列化操作。Sequence 文件可以作为 MapReduce 任务的输出数据,并且用其做一个 MapReduce 作业到另一个作业的中间数据是非常高效的。

- 输入块

一个输入块(InputSplit)描述了构成 MapReduce 程序中单个 map 任务的一个单元。把一个 MapReduce 程序应用到一个数据集上,即是指一个作业,会由几个甚至上几百个任务组成。Map 任务可能会读取整个文件,但一般是读取文件的一部分。默认情况下,FileInputFormat 及其子类会以 64 MB 为基数来拆分文件(与 HDFS 的 Block 默认大小相同),我们可以在 hadoop-site. xml(注:0. 20. * 以后是在 mapred-default. xml 里文件内设定 mapred. min. split. size 参数来控制具体划分大小,或者在具体 MapReduce 作业的对象中重写这个参数)。通过以块形式处理文件,我们可以让多个 map 任务并行地操作一个文件。如果文件非常大的话,这个特性可以通过并行处理大幅地提升性能。更重要的是,因为多个块(Block)组成的文件可能会分散在集群内的好几个节点上,这样就可以将任务调度在不同的节点上。因此,所有的单个块都是本地处理的，而不是把数据从一个节点传输到另一个节点。当然，日志文件可以以明智的块处理方式进行处理，但有些文件格式不支持块处理方式。针对这种情况，可以自定义一个 InputFormat，这样就可以控制文件是如何被拆分（或不拆分）成文件块的。

输入格式定义了组成 mapping 阶段的 map 任务列表，每一个任务对应一个输入块。接下来，根据输入文件块所在的物理地址，这些任务会被分派到对应的系统节点上，可能会有多个 map 任务被分派到同一个节点上。任务分派好后，节点开始运行任务，尝试去做最大并行化执行。值得注意的是，节点上的最大任务并行数由 mapred. tasktracker. map. tasks. maximum 参数控制。

- 记录读取器

输入块定义了如何切分工作，但是没有描述如何去访问它。记录读取器（RecordReader）类则是实际地用来加载数据，并把数据转换为适合 mapper 读取的键值对。RecordReader 实例是由输入格式定义的，默认的输入格式 TextInputFormat 提供了一个 LineRecordReader，这个类会把输入文件的每一行作为一个新的值，关联到每一行的键则是该行在文件中的字节偏移量。RecordReader 会在输入块上被重复地调用，直到整个输入块被处理完毕。每一次调用 RecordReader 都会调用 Mapper 的 map()方法。

- Mapper

Mapper 执行了 MapReduce 程序第一阶段中用户定义的工作，给定一个键值对，map()方法会生成一个或多个键值对，这些键值对会被送到 Reducer 那里。对于整个作业输入部分的每一个 map 任务（输入块），每一个新的 Mapper 实例都会在单独的 Java 进程中被初始化，mapper 之间不能进行通信，这就使得每一个 map 任务的可靠性不受其他 map 任务的影响，只由本地机器的可靠性来决定。

- Partition & Shuffle

当第一个 map 任务完成后，节点可能还要继续执行更多的 map 任务，但这时候也开始把 map 任务的中间输出交换到需要它们的 reducer 那里去，这个把“map 输出”移动到 reducer 那里去的过程是 shuffle 过程（第 6.2.3 小节将进行详细讲解）。每一个 reduce 节点会被分配得到“map 输出的键集合”中的一个不同的子集合，这些子集合（被称为“partitions”）是 reduce 任务的输入数据。每一个 map 任务生成的键值对，可能会隶属于任意的 partition，有着相同键的数值总是在一起被 reduce，不管它来自哪个 mapper。因此，所有的 map 节点必须把不同的中间数据发往何处达成一致。Partitioner 类是用来决定给定键值对的去向的，默认的分类器（partitioner）会计算键的哈希值，并基于这个结果来把键赋到相应的 partition 上。

- Reducer

每一个 reduce 任务负责对那些关联到相同键上的所有数值进行归约（reducing），每一个节点收到的中间键集合在被送到具体的 reducer 那里前就已经自动被 Hadoop 排序过了。每个 reduce 任务都会创建一个 Reducer 实例，这是一个用户自定义代码的实例，负责执行特定作业的第二个重要的阶段。对于每一个已被赋予到 reducer 的 partition 内的键来说，reducer 的 reduce()方法只会调用一次，它会接收一个键和关联到键的所有值的一个迭代器，迭代器会以一个未定义的顺序返回关联到同一个键的值。reducer 也要接收一个 OutputCollector 和 Report 对象，它们像在 map()方法中那样被使用。

- 输出格式

提供给 OutputCollector 的键值对会被写到输出文件中，写入的方式由输出格式控制。

OutputFormat 的功能跟前面描述的 InputFormat 类相似，Hadoop 提供的 OutputFormat 的实例会把文件写在本地磁盘或 HDFS 上，它们都是继承自公共的 FileInputFormat 类。每一个 reducer 会把结果输出写在公共文件夹中一个单独的文件内，这些文件的命名一般是 part-X，其中 X 是关联到某个 reduce 任务的 partition 的 ID，输出文件夹通过 FileOutputFormat.setOutputPath()来设置。我们可以通过具体 MapReduce 作业的 JobConf 对象的 setOutputFormat()方法来设置具体用到的输出格式。Hadoop 已提供的输出格式如表 6-2 所示。

表 6-2　Hadoop 提供的输出格式

输出格式	描述
TextOutputFormat	默认的输出格式，以"key \t value"的方式输出行
SequenceFileOutputFormat	输出二进制文件，适合于读取为子 MapReduce 作业的输入
NullOutputFormat	忽略收到的数据，即不做输出

Hadoop 提供了一些 OutputFormat 实例用于写入文件，基本的（默认的）实例是 TextOutputFormat，它会以一行一个键值对的方式把数据写入一个文本文件里。这样，后面的 MapReduce 任务就可以通过 KeyValueInputFormat 类，简单地重新读取所需的输入数据了，而且也适合于人的阅读。

SequenceFileOutputFormat 是更适合于在 MapReduce 作业间使用的中间格式，它可以快速地序列化任意的数据类型到文件中，而对应的 SequenceFileInputFormat 则会把文件反序列化为相同的类型并提交为下一个 Mapper 的输入数据，方式和前一个 Reducer 的生成方式一样。

NullOutputFormat 不会生成输出文件并丢弃任何通过 OutputCollector 传递给它的键值对，如果想让 reduce()方法显式地写出自己的输出文件，并且不想 Hadoop 框架输出额外的空输出文件，那这个类是很有用的。

- RecordWriter

这个跟 InputFormat 中通过 RecordReader 读取单个记录的实现相似，OutputFormat 类是 RecordWriter 对象的工厂方法，用来把单个的记录写到文件中，就像是 OuputFormat 直接写入的一样。Reducer 输出的文件会留在 HDFS 上供其他应用使用。

6.2.3　Shuffle 过程详解

Shuffle 过程是 MapReduce 工作流程的核心（如图 6-3 所示），在 MapReduce 流程中，为了让 reduce 可以并行处理 map 结果，必须对 map 的输出进行一定的排序和分割，然后交给对应的 reduce，而这个将 map 输出进行进一步整理并交给 reduce 的过程就称为 Shuffle。从图 6-3 中可以看出，Shuffle 过程体现在 map 和 reduce 两端中，在 map 端的 Shuffle 过程是对 map 的结果进行划分（partition）、sort（排序）和 spill（溢写），然后将属于同一个划分的输出合并在一起，并写到磁盘上，同时按照不同的划分将结果发送给对应的 reduce（map 输出的划分与 reduce 的对应关系由 JobTracker 确定）。reduce 端又会将各个 map 送来的属于同一个划分的输出进行合并（merge），然后对合并的结果进行排序，最后交给 reduce 处理。下面将从 map 和 reduce 两端详细介绍 shuffle 过程。

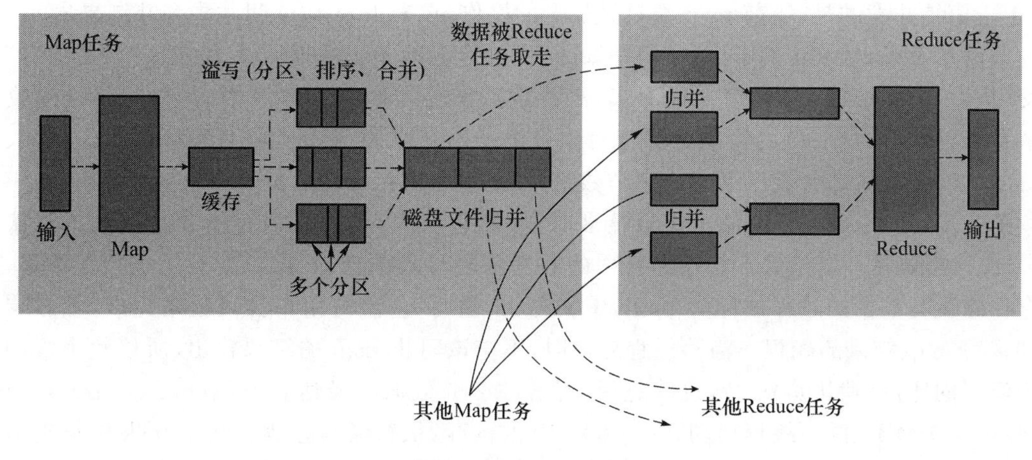

图 6-3　Shuffle 过程

1. map 端的 Shuffle 过程

图 6-4 是某个 map task 的运行情况，简单地说，每个 map task 都有一个内存缓冲区，存储着 map 的输出结果，当缓冲区快满的时候，需要将缓冲区的数据以一个临时文件的方式存放到磁盘。当整个 map task 结束后，将磁盘中这个 map task 产生的所有临时文件合并，生成最终的正式输出文件，然后等待 reduce task 来拉数据。整个流程包括四步，下面进行详细介绍。

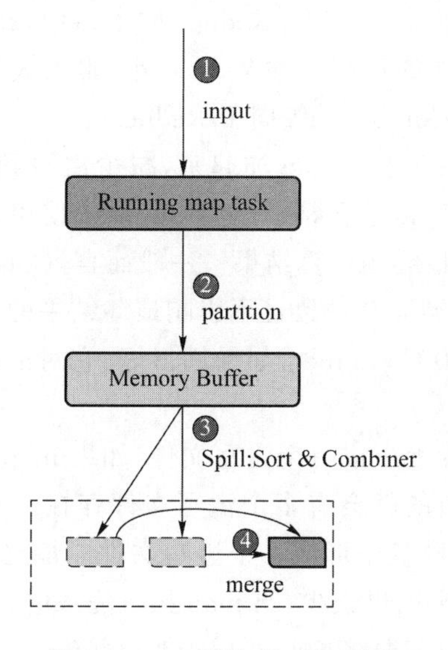

图 6-4　map 端的 Shuffle 过程

第一步，在 map task 执行时，输入 HDFS 的 block 数据(在 MapReduce 概念中，map task 只读取 split)，split 与 block 存在对应关系(默认情况是一对一)。例如，在 WordCount 例子里，map 的输入数据是类似“aaa”这样的字符串。

第二步，mapper 的输出是一个 key/value 键值对，其中 key 的值是“aaa”，value 的值是 1。MapReduce 提供 Partitioner 接口，它的作用就是根据 key 或 value 及 reducer 的数量来决定当前的这个“键值对”输出数据最终应该交由哪个 reduce task 处理。默认对 key 进行哈希以后，用 reduce task 数量进行取模，即 hash(key) mod R，其中 R 表示 reducer 的数量。默认的取模方式是为了平均 reduce 的处理能力，如果用户自己对 Partitioner 有需求，可以订制并设置到

job 上。值得注意的是，当前 map 端只做加 1 的操作，在 reduce task 里才去合并结果集。

假设在 WordCount 例子中，字符串"aaa"经过 Partitioner 后返回 0，代表这个“键值对”应当交由第一个 reducer 来处理。接下来，需要将数据写入内存缓冲区中，其作用是批量收集 map 结果，减少磁盘 I/O 的影响。键值对以及 Partition 的结果都会被写入缓冲区，在写入之前，key 与 value 值都会被序列化成字节数组，因此整个内存缓冲区就是一个字节数组。

第三步，当 map task 的输出结果很多时，可能会从内存溢出（内存缓冲区的大小默认是 100 MB），需要在一定条件下将缓冲区中的数据临时写入磁盘，然后重新利用这块缓冲区，从内存往磁盘写数据的过程被称为 Spill，中文称为“溢写”。溢写由单独线程来完成，不影响往缓冲区写 map 结果的线程。溢写线程启动时，不应该阻止 map 的结果输出，所以整个缓冲区有个溢写的比例（默认是 0.8），也就是说，当缓冲区的数据已经达到阈值（buffer size * spill percent=80 MB），溢写线程启动，锁定 80 MB 的内存，执行溢写过程。Map task 的输出结果还可以往剩下的 20 MB 内存中写，互不影响。当溢写线程启动后，需要对空间内的 key 排序（Sort）。排序是 MapReduce 模型默认的行为，这里的排序也是对序列化的字节做的排序。

另外，为了进一步减少从 map 端到 reduce 传输的数据量，还可以在 map 端执行 combine 操作。对于 WordCount 例子，就是简单地统计单词出现的次数，如果在同一个 map task 的结果中有很多个像"aaa"一样出现多次的 key，我们就应该把它们的值合并到一块，这个过程叫 reduce，也叫 combine。例如，map 端输出数据为<"aaa", 1>, <"aaa", 1>，经过 combine 操作以后就可以得到<"aaa", 2>。但是，在 MapReduce 的术语中，reduce 单纯是指 reduce 端执行从多个 map task 取数据做计算的过程。除 reduce 外，非正式地合并数据只能算作 combine 了。实际上，MapReduce 中将 Combiner 等同于 Reducer。

将有相同 key 的 key/value 对的 value 加起来，减少溢写到磁盘的数据量。Combiner 会优化 MapReduce 的中间结果，所以它在整个模型中会多次使用。Combiner 的输出是 Reducer 的输入，Combiner 绝不能改变最终的计算结果。一般而言，Combiner 只应该用于那种 reduce 的输入键值对与输出键值对类型完全一致且不影响最终结果的场景，例如累加、最大值等。值得注意的是，用户需要谨慎使用 Combiner，如果用得好，它对 job 执行效率有帮助；反之，则会影响 reduce 的最终结果。

第四步，每次溢写会在磁盘上生成一个溢写文件，如果 map 的输出结果真的很大，且有多次这样的溢写发生，磁盘上相应的就会有多个溢写文件存在。当 map task 真正完成时，内存缓冲区中的数据也全部溢写到磁盘中形成一个溢写文件。最终，磁盘中会至少有一个这样的溢写文件存在（如果 map 的输出结果很少，当 map 执行完成时，只会产生一个溢写文件），因为最终的文件只允许有一个，所以需要将这些溢写文件归并到一起，这个过程就叫做 Merge。以 WordCount 为例，"aaa"从某个 map task 读取时值是 5，从另外一个 map 读取时值是 8，因为它们有相同的 key，所以需要 merge 成 group。对于"aaa"而言，merge 后得到的 group 是类似<"aaa",{5, 8, 2, , ,}>这样的，数组中的值就是从不同溢写文件中读取出来的，然后把这些值合并起来。请注意，因为 merge 是将多个溢写文件合并到一个文件，所以可能也有相同的 key 存在，在这个过程中，如果 client 设置过 Combiner，也会使用 Combiner 来合并相同的 key。

至此，map 端的所有工作都已结束，最终生成的这个文件存放在 TaskTracker 的某个本地目录内。每个 reduce task 不断地通过 RPC 从 JobTracker 那里获取 map task 是否完成的信息，如果 reduce task 得到通知，获知某台 TaskTracker 上的 map task 执行完成，Shuffle 的后半段过程将启动。

2. reduce 端的 Shuffle 过程

简单地说,reduce task 在执行之前的工作就是不断地拉取当前 job 里每个 map task 的最终结果,然后对从不同地方拉取过来的数据不断地做 merge,也最终形成一个文件作为 reduce task 的输入文件(如图 6-5 所示)。

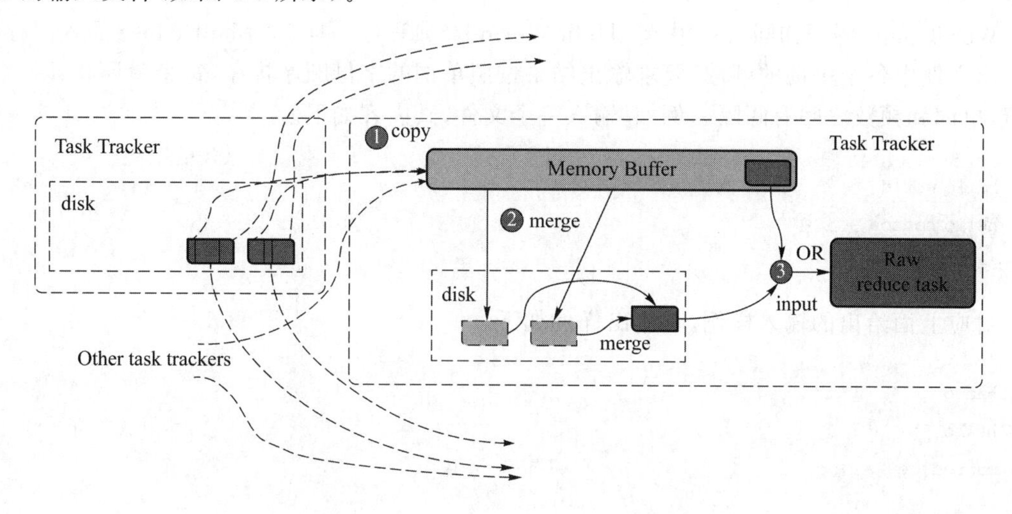

图 6-5　reduce 端的 Shuffle 过程

与 map 端的细节图一样,Shuffle 在 reduce 端的过程也能用图 6-5 中标明的三个步骤来概括。当前 reduce 拉取数据的前提是要从 JobTracker 那里获知有哪些 map task 已执行结束。Reducer 真正运行之前,所有的时间都是在重复地拉取数据并进行 merge。reduce 端的 Shuffle 同样分为以下三步。

第一步,复制过程,简单地拉取数据。Reduce 进程启动一些数据复制线程(fetcher),通过 HTTP 方式请求 map task 所在的 TaskTracker,获取 map task 的输出文件。

第二步,Merge 阶段。这里的 merge 与 map 端的 merge 动作类似,只是数组中存放的是不同 map 端复制来的数值。复制过来的数据会先放入内存缓冲区中,这里的缓冲区大小要比 map 端的更灵活,因为 Shuffle 阶段 Reducer 不运行,所以应该把绝大部分的内存都给 Shuffle 用。需要强调的是,merge 有三种形式:内存到内存、内存到磁盘和磁盘到磁盘。默认情况下,第一种形式不启用。当内存中的数据量到达一定阈值,就启动内存到磁盘的 merge。与 map 端类似,这也是溢写的过程,这个过程中如果用户设置过 Combiner,也是会启用的,然后在磁盘中生成众多的溢写文件。第二种 merge 方式一直在运行,直到没有 map 端的数据时才结束,然后启动第三种方式生成最终的文件。

第三步,Reducer 的输入文件。不断地 merge 后,最后会生成一个“最终文件”。如果该文件存放于内存中,可以直接作为 Reducer 的输入(默认存放于磁盘中)。当 Reducer 的输入文件已保存,整个 Shuffle 才结束。最后,由 Reducer 执行,把结果放到 HDFS 上。

6.3　MapReduce 实例分析

如果想要统计过去若干年论文中出现次数最多的词汇,在收集好论文后该怎么办呢?我们可以把作业部署到 n 台机器上去完成,把论文集分成 n 份,一台机器跑一个作业,人工部署和分发等操作非常麻烦,我们可以利用 MapReduce 来完成这些复杂的操作,从而有效地提高工作效率。MapReduce 框架已经定义好如何拆分文件集，如何复制分发程序，以及如何整合结果，我们只要定义好这个任务，其他都可以交给 MapReduce 去处理。

6.3.1 WordCount 设计思路

WordCount 例子如同 Java 中的"HelloWorld"经典程序一样，是 MapReduce 的入门程序。计算出文件中各个单词的频数，要求输出结果按照单词的字母顺序排序，每个单词和其频数占一行，单词和频数之间有间隔。例如，输入一个文件，其内容如下。

```
hello world
hello hadoop
hello mapreduce
```

对应上面给出的输入样例，其输出样例如下。

```
hadoop      1
hello       3
mapreduce   1
world       1
```

上面这个应用实例的解决方案很直接，首先将文件内容切分成单词，然后将所有相同的单词聚集到一起，最后计算单词出现的次数进行输出。针对 MapReduce 并行程序设计原则可知，解决方案中的内容切分步骤和数据不相关，可以并行化处理，每个拿到原始数据的机器只要将输入数据切分成单词就可以了。所以，可以在 map 阶段完成单词切分的任务。

另外，相同单词的频数计算也可以并行化处理。根据实例要求来看，不同单词之间的频数不相关，所以可以将相同的单词交给一台机器来计算频数，然后输出最终结果。这个过程可以交给 reduce 阶段完成。至于将中间结果根据不同单词进行分组后再发送给 reduce 机器，这正好是 MapReduce 过程中的 Shuffle 能够完成的。至此，这个实例的 MapReduce 程序就设计出来了。

Map 阶段完成由输入数据到单词切分的工作，Shuffle 阶段完成相同单词的聚集和分发工作（这个过程是 MapReduce 的默认过程，不用具体配置），reduce 阶段完成接收所有单词并计算其频数的工作。由于 MapReduce 中传递的数据都是< key，value >形式的，并且 Shuffle 排序聚集分发是按照 key 值进行的，所以将 map 的输出设计成由 word 作为 key，1 作为 value 的形式，它表示单词出现了 1 次（map 的输入采用 Hadoop 默认的输入方式，即文件的一行作为 value，行号作为 key）。Reduce 的输入是 map 输出聚集后的结果，即< key， value-list >，具体到这个实例就是< word， {1,1,1,1,…} >，reduce 的输出会设计成与 map 输出相同的形式，只是后面的数值不再是固定的 1，而是具体算出的 word 所对应的频数。

6.3.2 WordCount 代码

采用 MapReduce 进行词频统计的 WordCount 代码如下。

```
public class WordCount
{
public static class TokenizerMapper extends Mapper < Object, Text, Text, IntWritable >
```

```
{
private final static IntWritable one = new IntWritable(1);
private Text word = new Text();
public void map(Object key, Text value, Context context ) throws IOException,
InterruptedException
{
StringTokenizer itr = new StringTokenizer(value.toString());
while (itr.hasMoreTokens())
{
word.set(itr.nextToken());
context.write(word, one);
}
}
}
public static class IntSumReducer extends Reducer<Text, IntWritable, Text,
IntWritable>
{
private IntWritable result = new IntWritable();
public void reduce(Text key, Iterable<IntWritable> values,Context context)
throws IOException, InterruptedException
{
int sum = 0;
for (IntWritable val : values)
{
sum += val.get();
}
result.set(sum);
context.write(key, result);
}
}
public static void main(String[] args) throws Exception
{
Configuration conf = new Configuration();
String[] otherArgs = new GenericOptionsParser(conf, args).getRemainingArgs();
if (otherArgs.length != 2)
{
System.err.println("Usage: wordcount <in><out>");
System.exit(2);
}
Job job = new Job(conf, "word count");
job.setJarByClass(WordCount.class);
job.setMapperClass(TokenizerMapper.class);
job.setCombinerClass(IntSumReducer.class);
```

```
job.setReducerClass(IntSumReducer.class);
job.setOutputKeyClass(Text.class);
job.setOutputValueClass(IntWritable.class);
FileInputFormat.addInputPath(job, new Path(otherArgs[0]));
FileOutputFormat.setOutputPath(job, new Path(otherArgs[1]));
System.exit(job.waitForCompletion(true) ? 0 : 1);
}
}
```

6.3.3 过程解释

Map 操作的输入是< key, value >形式，其中 key 是文档中某行的行号，value 是该行的内容。Map 操作会将输入文档中每一个单词的出现输出到中间文件中去，如图 6-6 所示。

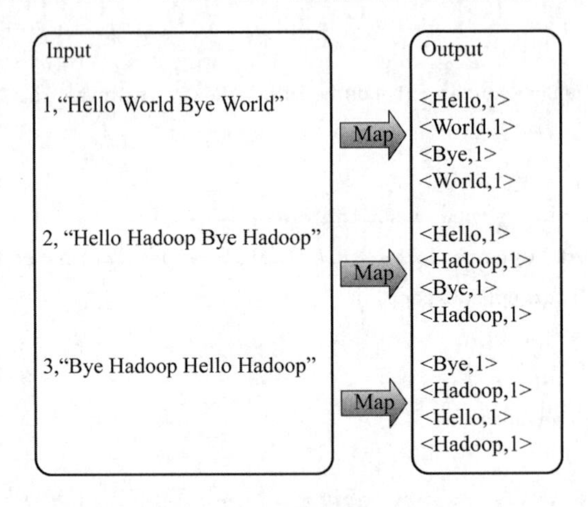

图 6-6 Map 过程示意图

首先，Reduce 操作的输入是单词和出现次数的序列（如图 6-7 所示）。用上面的例子来说，就是<"Hello",[1,1,1]>,<"World",[1,1]>,<"Bye",[1,1,1]>,<"Hadoop",[1,1,1,1]>等。然后，根据每个单词，算出总的出现次数。最后，输出排序后的最终结果就会是：<"Bye",3 >, <"Hadoop",4 >, <"Hello",3 >,<"World",2 >。

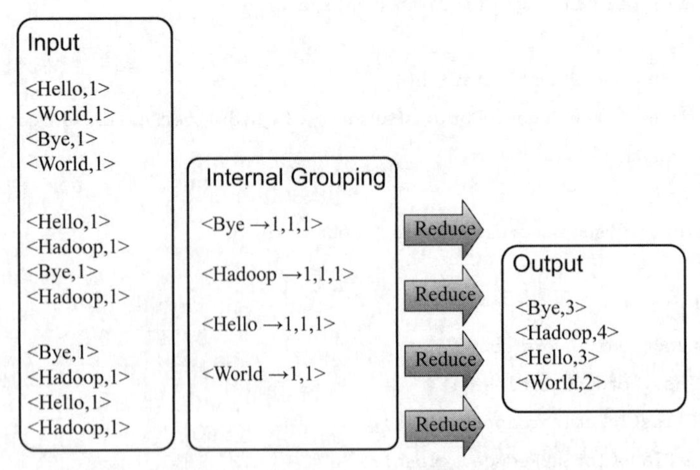

图 6-7 Reduce 过程示意图

整个 MapReduce 过程实际的执行顺序是：MapReduce Library 将 Input 分成 m 份，这里的 Input Splitter 也可以是多台机器并行 Split；Master 将 m 份 Job 分给空闲状态的 m 个 worker 来处理；对于输入中的每一个<key,value>进行 Map 操作，将中间结果缓冲在内存里；定期地（或者根据内存状态）将缓冲区中的中间信息刷写到本地磁盘上，并且把文件信息传回给 Master（Master 需要把这些信息发送给 Reduce worker）。这里最重要的一点是，在写磁盘的时候，需要将中间文件做 Partition（如 r 个）。如果把所有的信息存到一个文件，Reduce worker 又会变成瓶颈。我们只需要保证相同 key 能出现在同一个 Partition 里面就可以把这个问题分解。r 个 Reduce worker 开始工作，从不同的 Map worker 的 Partition 那里拿到数据，用 key 进行排序（如果内存中放不下需要用到外部排序）。很显然，排序（或者说 Group）是 Reduce 函数之前必须做的一步。这里关键的是，每个 Reduce worker 会去从很多 Map worker 那里拿到 $x(0<x<r)$Partition 的中间结果，这样所有属于这个 key 的信息已经都在这个 worker 上了。Reduce worker 遍历中间数据，对每一个唯一 key，执行 Reduce 函数（参数是这个 key 以及相对应的一系列 value）。执行完毕后，唤醒用户程序，返回结果（最后应该有 r 份 Output，每个 Reduce Worker 一个）。

可见，这里的"分"（Divide）体现在两步，分别是将输入分成 m 份，以及将 Map 的中间结果分成 r 份。将输入分开通常很简单，而把 Map 的中间结果分成 r 份，通常用"hash(key) mod R"这个结果作为标准，保证相同的 Key 出现在同一个 Partition 里面。当然，使用者也可以指定自己的 Partition 函数，例如对于 Url Key，如果希望同一个 Host 的 URL 出现在同一个 Partition，可以用"hash(Hostname(urlkey)) mod R"作为 Partition 函数。

另外，对于上面的例子来说，每个文档中都可能会出现成千上万的<"the",1>这样的中间结果，琐碎的中间文件必然导致传输上的开销。因此，MapReduce 还支持用户提供 Combiner 函数。这个函数通常与 Reduce 函数有相同的实现，不同点在于 Reduce 函数的输出是最终结果，而 Combiner 函数的输出是 Reduce 函数的输入。图 6-6 中的 map 过程输出结果，如果采用 Combiner 函数后，则可以得到如图 6-8 所示的输出，这个输出结果可以作为 reduce 过程的输入，如图 6-9 所示。

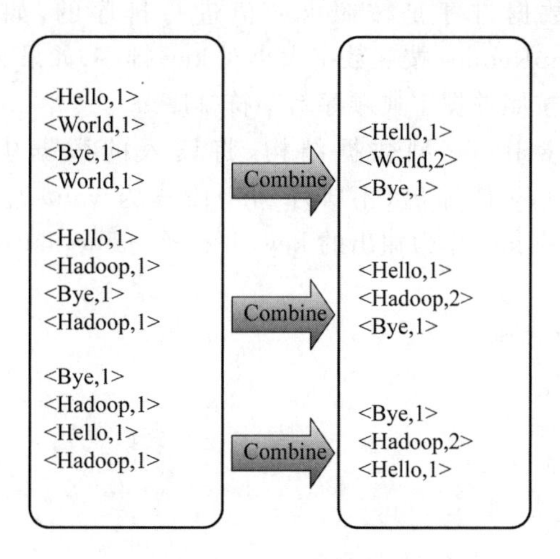

图 6-8　Combine 过程示意图

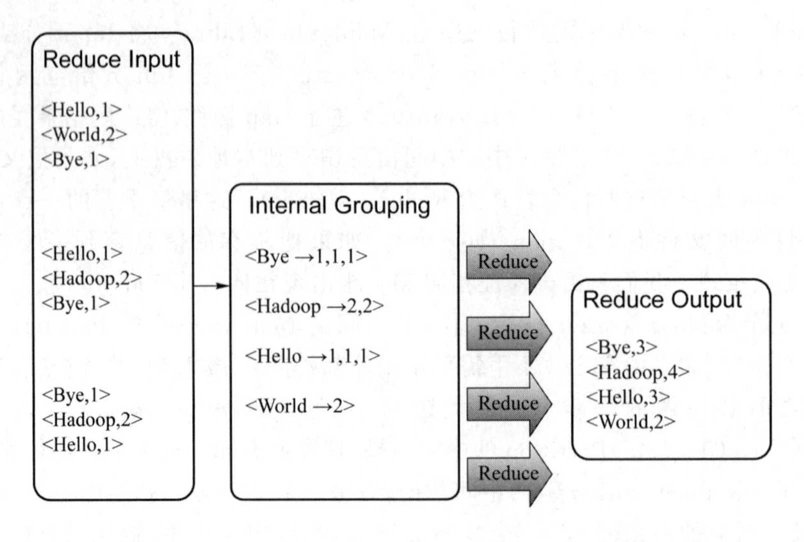

图 6-9　以 Combine 输出结果作为输入的 Reduce 过程示意图

6.4　实战任务:MapReduce 排序

1. 实验目的

① 熟练掌握 Spark Standalone 伪分布模式的安装流程。

② 准确理解 Spark Standalone 伪分布模式的运行原理。

③ 学会独立进行 Spark Standalone 伪分布模式安装。

2. 实验内容

在电商网站上,当我们进入某电商页面里浏览商品时,就会产生用户对商品访问情况的数据。编写 MapReduce 程序来对商品点击次数由低到高进行排序。

3. 实验原理和流程

MapReduce 框架对数据排序是按照 key 值进行排序的,如果 key 为封装的 int 为 IntWritable 类型,那么 MapReduce 按照数字大小对 key 排序;如果 key 为封装 String 的 Text 类型,那么 MapReduce 将按照数据字典顺序对字符排序。

使用封装 int 的 Intwritable 型数据结构,将读入的数据中要排序的字段转化为 Intwritable 型,然后作为 key 值输出(不排序的字段作为 value)。reduce 阶段拿到< key, value-list >之后,将输入的 key 作为输出的 key,并根据 value-list 中的元素的个数决定输出的次数。

4. 实验过程及参考源代码

① 启动 Hadoop 集群。

```
cd /apps/hadoop/sbin
./start-all.sh
```

② 将本地电商数据 goods 文件导入 HDFS 的/in 目录中。

```
hadoop fs -mkdir -p  /in
hadoop fs -put /data/goods /in
```

③ 新建 Java Project 项目，导入所需要的 jar 包。

④ 编写 Java 代码，并描述其设计思路。

在 MapReduce 过程中默认就有对数据的排序。它是按照 key 值进行排序的，如果 key 为封装 int 的 IntWritable 类型，那么 MapReduce 会按照数字大小对 key 排序；如果 key 为封装 String 的 Text 类型，那么 MapReduce 将按照数据字典顺序对字符排序。在本例中，我们用到第一种，key 设置为 IntWritable 类型，其中 MapReduce 程序主要分为 Map 部分和 Reduce 部分。

Map 部分代码如下。

```
    public static class Map extends Mapper < Object,Text,IntWritable,Text >{
        private static Text goods = new Text();
        private static IntWritable num = new IntWritable();
        public void map(Object key,Text value,Context context) throws IOException,
InterruptedException{
            String line = value.toString();
            String arr[] = line.split("\t");
            num.set(Integer.parseInt(arr[1]));
            goods.set(arr[0]);
            context.write(num,goods);
        }
    }
```

在 map 端采用 Hadoop 默认的输入方式之后，将输入的 value 值用 split()方法截取，把要排序的点击次数字段转化为 IntWritable 类型并设置为 key，商品 id 字段设置为 value，然后直接输出< key,value >。map 输出的< key,value >先要经过 Shuffle 过程把相同 key 值的所有 value 聚集起来形成< key,value-list >后交给 reduce 端。

Reduce 部分代码如下。

```
    public static class Reduce extends Reducer < IntWritable,Text,IntWritable,Text >{
        private static IntWritable result =  new IntWritable();
                //声明对象 result
        public void reduce(IntWritable key,Iterable < Text > values,Context context) throws
IOException, InterruptedException{
    for(Text val:values){
    context.write(key,val);
    }
    }
    }
```

reduce 端接收到< key,value-list >之后，将输入的 key 直接复制给输出的 key，用 for 循环遍历 value-list 并将里面的元素设置为输出的 value，然后将< key,value >逐一输出，根据 value-list 中元素的个数决定输出的次数。部分代码如下。

```
        public static void main(String[] args) throws IOException, ClassNotFoundException,
InterruptedException{
    Configuration conf = new Configuration();
    Job job = new Job(conf,"OneSort");
    job.setJarByClass(OneSort.class);
    job.setMapperClass(Map.class);
    job.setReducerClass(Reduce.class);
    job.setOutputKeyClass(IntWritable.class);
    job.setOutputValueClass(Text.class);
    job.setInputFormatClass(TextInputFormat.class);
    job.setOutputFormatClass(TextOutputFormat.class);
    Path in = new Path("hdfs://localhost:9000 /in/goods ");
    Path out = new Path("hdfs://localhost:9000/out");
    FileInputFormat.addInputPath(job,in);
    FileOutputFormat.setOutputPath(job,out);
    System.exit(job.waitForCompletion(true) ? 0 : 1);

    }
    }
```

⑤ 右击选择“Run As”→“Run on Hadoop”选项，将 MapReduce 任务提交到 Hadoop 中。

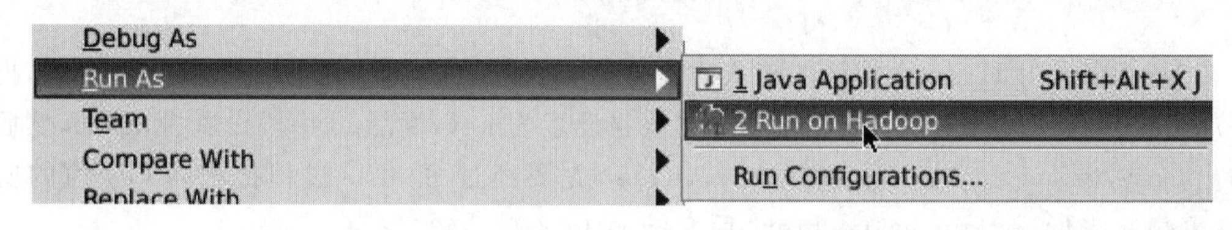

图 6-10

⑥ 待执行完毕后，进入命令模式下，在 HDFS 上/mymapreduce3/out 中查看实验结果。部分代码如下。

```
hadoop fs -ls /mymapreduce3/out
hadoop fs -cat /mymapreduce3/out/part-r-00000
```

小　结

本章主要介绍了 MapReduce 编程模型的相关知识。MapReduce 将复杂的、运行于大规模集群上的并行计算过程高度地抽象到了两个函数：Map 和 Reduce，并极大地方便了分布式编程工作，编程人员在不会分布式并行编程的情况下，也可以很容易地将自己的程序运行在分布式系统上，完成海量数据集的计算。

MapReduce 执行的全过程包括以下主要阶段：从分布式文件系统读入数据，执行 Map 任务输出中间结果，通过 Shuffle 阶段把中间结果分区排序整理后发送给 Reduce 任务，执行 Reduce 任务得到最终结果并写入分布式文件系统。其中，Shuffle 阶段非常关键，必须深刻理解这个阶段的详细执行过程。

MapReduce 具有广泛的应用,例如关系代数运算、分组与聚合运算、矩阵-向量乘法、矩阵乘法等。

本章最后以一个单词统计程序为实例,详细演示了如何编写 MapReduce 程序代码以及如何运行程序。

习　题

1. 选择题

(1) (　　)是一种编程模型,它将大规模的数据处理工作拆分成互相独立的任务然后并行处理。

A. MapReduce　　B. HDFS　　C. Pig　　D. HBase

(2) 在 Hadoop 中,(　　)是默认的 InputFormat 类型,它将每行内容作为新值,而将字节偏移量作为 key。

A. FileInputFormat　　B. TextInputFormat

C. KeyValueTextInputFormat　　D. CombineTextInputFormat

(3) (　　)不是 Hadoop 的输入格式。

A. ByteInputFormat　　B. TextInputFormat

C. SequenceFileInputFormat　　D. KeyValueInputFormat

(4) 在 MapReduce 中,(　　)会将输入键值对处理成中间键值对。

A. Mapper　　B. Reducer

C. Mapper 和 Reducer　　D. 都不正确

(5) 在 MapReduce 中,Map 数取决于(　　)的总量。

A. 任务数　　B. 输入数据

C. 输出数据　　D. 文件数

(6) 在 MapReduce 中,对于 map 输出的中间结果,负责按 key 进行分区的是(　　)。

A. RecordReader　　B. Combiner

C. Partitioner　　D. FileInputFormat

(7) 在使用 MapReduce 程序 Wordcaunt 进行词频统计时,对于文本行"hello hadoop hello world",经 WordCaunt 程序的 Map 函数处理后直接输出的中间结果,应该为(　　)。

A. <"hadoop", 1>、<"hello", 1>、<"hello", 1>和<"world", 1>

B. <"hello", 1, 1> <"hadoop", 1>和<"world", 1>

C. <"hello", <1,1>>、<"hadoop", 1>和<"world", 1>

D. <"hello", 2>、<"hadoop", 1>和<"world",>

(8) 在 MapReduce 中,(　　)阶段是并行进行的。

A. Shuffle 和 Map　　B. Shuffle 和 Sort

C. Reduce 和 Sort　　D. Map 和 Reduce

(9) 在 MapReduce 编程时,如下阶段的顺序是(　　)。

A. Mapper Partitioner Shuffle/Sort Combiner

B. Mapper Partitioner Combiner Shuffle/Sort

C. Mapper Shuffle/Sort Combiner Partitione

D. Mapper Combiner Partitioner Shuffle/Sort

(10) 对 Hadoop 中 JobTacker 的工作角色,以下说法正确的是(　　)。

A. 作业调度　　B. 分配任务

C. 监控 CPU 运行效率　　D. 监控任务执行进度

2. 填空题(5 题)

(1) 所谓________过程,是指对 Map 输出结果进行分区、排序、合并等处理,并交给 Reduce 的过程。

(2) MapReduce 的输出文件个数由________决定。

(3) MapReduce 是一种面向大数据的________模型、框架和平台。

(4) MapReduce 在任务执行过程中,________负责分布式环境中实现客户端创建任务并提交。

(5) 从内存往磁盘写数据的过程被________。

3. 问答题

(1) 简述 MapReduce 的执行过程。

(2) 描述以下 wordcount 程序中 key-value 的转换过程,并标出所属阶段。

数据输入:hadoop welcome
　　　　　java welcome

(3) 简述 Shuffle 过程。

4. 上机训练

(1) 根据下面原始数据,统计每年、每月各个网站的总的上行流量和下行流量。

```
1  手机号1, mac地址, 网址域名ip,网址, 网站类型,当天的上行量, 下行量, 访问状态码, 日期
2  1363157985066 00-FD-07-A4-72-B8:CMCC 120.196.100.82 i02.c.aliimg.com 财经 2481 24681 200 2018-1-1
3  1363157985066 00-FD-07-A4-72-B8:CMCC 120.196.100.82 i02.c.aliimg.com 财经 20 100 200 2018-1-1
4  1363157985066 00-FD-07-A4-72-B8:CMCC 120.196.100.82 i02.c.aliimg.com 财经 30 200 200 2018-3-1
5  1363157985066 5C-0E-8B-C7-BA-20:CMCC 120.197.40.4 sug.so.360.cn 信息安全 3056 2936 200 2018-6-1
6  1383157995033 5C-0E-8B-C7-BA-20:CMCC 120.197.40.4 sug.so.360.cn 信息安全 3156 2936 200 2018-6-1
7  1383157995033 5C-0E-8B-C7-BA-20:CMCC 120.197.40.4 sug.so.360.cn 信息安全 3056 2936 200 2018-6-1
8  1383157995033 5C-0E-8B-C7-BA-20:CMCC 120.197.40.4 sug.so.360.cn 信息安全 315 3936 400 2019-3-1
9  1383157995033 5C-0E-8B-C7-BA-20:CMCC 120.197.40.4 sug.so.360.cn 信息安全 3000 2000 400 2018-3-1
10 1383157995033 00-FD-07-A4-72-B8:CMCC 120.196.100.82 i02.c.aliimg.com 财经 30 200 200 2018-3-1
11 1383157995033 5C-0E-8B-C7-BA-20:CMCC 120.197.40.4 sug.so.360.cn 信息安全 316 2836 200 2018-6-1
12 1383157995033 5C-0E-8B-C7-BA-20:CMCC 120.197.40.4 sug.so.360.cn 信息安全 3356 2936 200 2018-6-1
13 1383157995033 5C-0E-8B-C7-BA-20:CMCC 120.197.40.4 sug.so.360.cn 信息安全 100 300 200 2018-1-1
14 1383157995033 5C-0E-8B-C7-BA-20:CMCC 120.197.40.4 sug.so.360.cn 信息安全 200 200 200 2018-1-1
15 1383157993044 94-71-AC-CD-E6-18:CMCC-EASY 120.196.100.99 iface.qiyi.com 视频网站 100 200 200 2018-3-1
16 1383157993044 94-71-AC-CD-E6-18:CMCC-EASY 120.196.100.99 iface.qiyi.com 视频网站 200 300 200 2018-3-1
17 1383157993044 94-71-AC-CD-E6-18:CMCC-EASY 120.196.100.99 iface.qiyi.com 视频网站 200 300 200 2018-1-1
18 1383157993044 94-71-AC-CD-E6-18:CMCC-EASY 120.196.100.99 iface.qiyi.com 视频网站 200 300 200 2018-1-1
19 1383157993044 94-71-AC-CD-E6-18:CMCC-EASY 120.196.100.99 iface.qiyi.com 视频网站 1527 2106 200 2018-3-1
20 1363157995052 5C-0E-8B-C7-F1-E0:CMCC 120.197.40.4   264 0 200  2018-1-1
21 1363157991076 20-10-7A-28-CC-0A:CMCC 120.196.100.99  132 1512 200  2018-1-2
22 1363154400022 5C-0E-8B-8B-B1-50:CMCC 120.197.40.4   240 0 200  2018-3-1
23 1383157995074 5C-0E-8B-8C-E8-20:7DaysInn 120.197.40.4 122.72.52.12  4116 1432 200 2018-4-4
24 1383157993055 C4-17-FE-BA-DE-D9:CMCC 120.196.100.99  1116 954 200 2018-5-1
25 1363157983019 68-A1-B7-03-07-B1:CMCC-EASY 120.196.100.82  240 0 200 2018-8-2
26 1533157993044 94-71-AC-CD-E6-18:CMCC-EASY 120.196.100.99 iface.tengxu.com
```

图 6-11　某网站流量数据

(2) 以上一题的结果作为源数据,统计每年、每月各个网站的总的上行流量排名前两名的网站。

第7章 并行计算框架Spark

导言

Spark是2009年由美国加州大学伯克利分校的AMP实验室开发的,是一款大规模数据处理引擎,现为Apache软件基金会下开源项目之一。Spark是基于内存的分布式、迭代型计算框架,用户可以通过多种编程语言编写各种应用程序,包括批处理作业、实时处理系统、用SQL处理结构化数据和使用传统编程技术处理非结构化数据等。

本章首先简单介绍了Spark,然后讲解了Spark的生态系统及运行架构,最后介绍了Spark安装部署及编程实践。

本章学习目标

➢ 知识目标

- 了解Spark与Scala编程语言
- 分析Spark与Hadoop的区别
- 了解Spark的生态系统和架构设计
- 学习Spark的部署和应用方式

➢ 能力目标

- 能应用Spark完成数据处理

7.1 概述

Apache Spark是专为大规模数据处理而设计的快速通用的计算引擎。Spark是UC Berkeley AMP Lab(加州大学伯克利分校的AMP实验室)所开源的类Hadoop MapReduce的通用并行框架。

Spark拥有Hadoop MapReduce所具有的优点。但不同于MapReduce的是,Job中间输出结果可以保存在内存中,从而不再需要读写HDFS。Spark启用了内存分布数据集,除了能够提供交互式查询外,它还可以优化迭代工作负载。因此,Spark能更好地适用于数据挖掘与机器学习等需要迭代的MapReduce的算法。

Spark具有以下四个主要特点。

① 更快的运行速度。Spark基于内存计算,执行速度比HadoopMapReduce快百倍。

② 易用性。Spark是在Scala语言中实现的,但支持Java、Python和R语言编程。Spark提供了80多个高级运算符,具有易用性。

③ 通用性。Spark提供了大量的库,包括Spark Core、Spark SQL、Spark Streaming、MLlib、GraphX,开发者可以在同一个应用程序中组合使用这些库。

④ 支持多种资源管理器。Spark 可运行在其自带的独立集群管理器中，同时 Spark 支持 Hadoop YARN，Apache Mesos 等环境。

从 2009 年到现在，Spark 已经有十多年的发展历程。2013 年，Spark 为 Apache 基金会开源项目之一，并于 2014 年成为 Apache 顶级项目。2016 年，Spark 2.0 正式发布，该版本主要更新 APIs，支持 SQL 2003，增强其性能，共有 300 个开发者贡献了 2 500 个补丁程序。2017 年，其更新的内容主要针对系统的可用性、稳定性以及代码润色，包括 Core 和 Spark SQL 的 API 升级，性能、稳定性改进，以及 Spark R 针对现有的 Spark SQL 功能添加了更广泛的支持。2019 年，Spark 3.0 版本正式发布。

随着 Spark 的快速发展，Spark 已经吸引了国内外各大公司的注意，如百度、腾讯、阿里、亚马逊等公司将 Spark 数据分析应用到实际生产环境中。

7.2 Spark 与 Hadoop 的对比

虽然 Hadoop 已经成为大数据分析的主流，但自身也存在诸多缺陷(主要是 MapRecue 具有一些局限性)，使用起来比较困难。Hadoop 存在以下缺点。

抽象层次低，需要手工编写代码来完成，难以上手。MapReduce 只提供两个操作——Map 和 Reduce，表达力欠缺，一个 Job 只有 Map 和 Reduce 两个阶段，复杂的计算依靠大量的 Job 完成，Job 之间的依赖关系是由开发者自己管理的。处理逻辑隐藏在代码细节中，没有整体逻辑。中间结果也放在磁盘 HDFS 文件系统中。ReduceTask 需要等待所有 MapTask 完成后才可以开始，时延高，只适用 Batch 数据处理，对于交互式数据处理，实时数据处理的支持不够。对于迭代式数据处理，其性能比较差。

Spark 借鉴了 MapReduce 的优点，同时也解决了当前面临的问题。Spark 的计算模式不局限于 Map 和 Reduce 操作，并且提供了更多种操作类型，对数据集的处理和编程更加灵活。同时，Spark 是基于内存的计算，数据计算的中间结果不再存储在 HDFS 中，而是直接存放到内存中，提高了迭代的运行效率。

Hadoop 与 Spark 执行流程对比如图 7-1 所示。从图中可以看到，Spark 的特点是将计算中间结果存储在内存中，相对于 Hadoop 而言，大大减少了磁盘的 IO 开销，因此 Spark 更适合用于迭代计算。

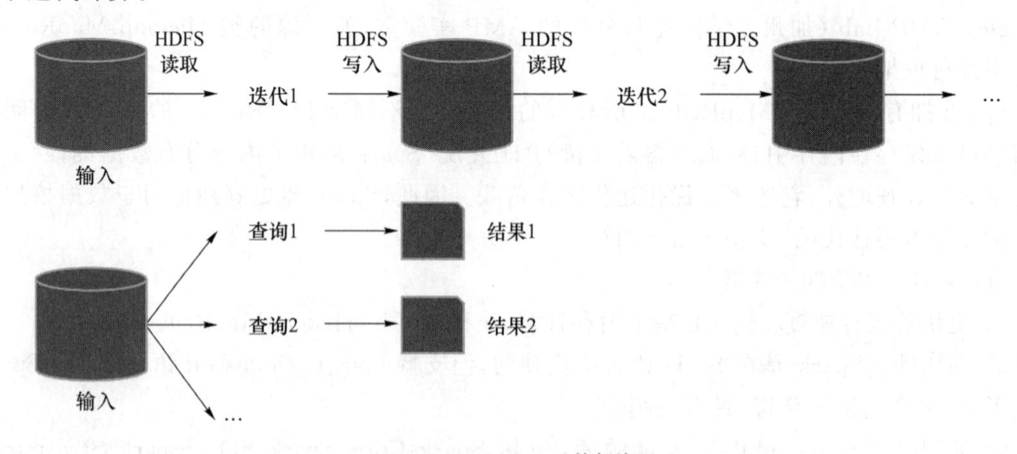

(a) Hadoop MapReduce执行流程

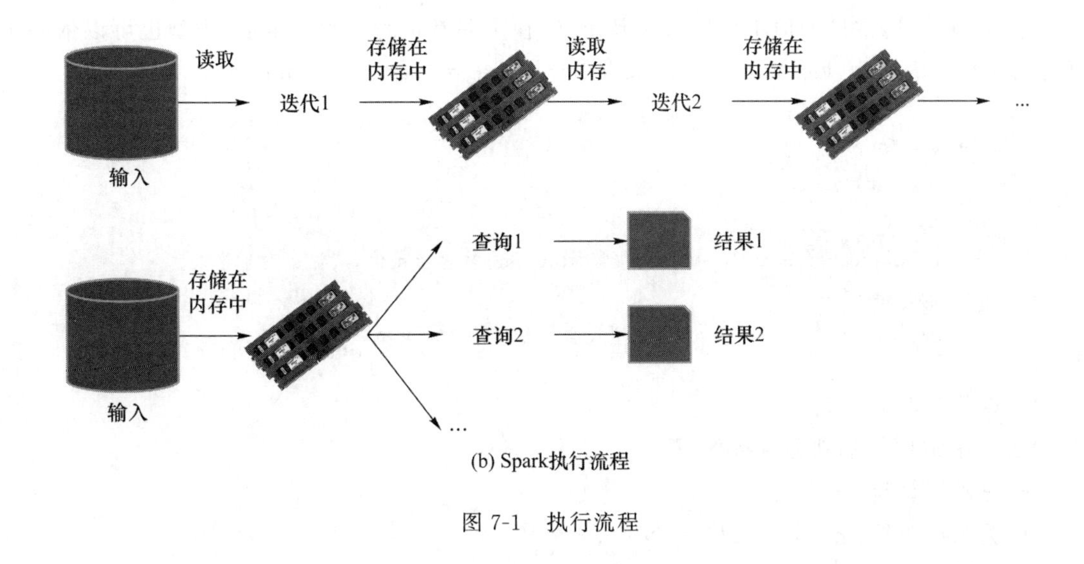

(b) Spark执行流程

图 7-1　执行流程

7.3　Scala 基础知识

7.3.1　Scala 简介

Spark 是在 Scala 语言中实现的,它将 Scala 用作其应用程序框架。Scala 用一种简洁的高级语言将面向对象和函数式编程结合在一起。Scala 的静态类型有助于避免复杂应用程序中的错误,其 JVM 和 JavaScript 运行时,可以轻松访问庞大的库生态系统来构建高性能系统。Scala 语言的特点如下。

① Scala 可以编译为 Java bytecode 字节码,也就是说,可以在 JVM 上运行,具备跨平台能力。

② 现有的 Java 链接库都可以使用,可以继续使用丰富的 Java 开发资源码生态系统。

③ Scala 是一种函数式语言。在函数式语言中,函数也就是值,可以作为参数传递给其他参数。

④ Scala 是一种纯面向对象的语言,所有的东西都是对象,而所有的操作都是方法。

7.3.2　Scala 基础语法

1. 变量、常量与赋值

① 声明变量:变量的值可以被重新定义,类型可依赖于值自动推断。语法为:var VariableName [:DataType][= Initial Value]。

```
示例:var a : Int = 50
         a : Int = 50
         a = 30
a : Int = 30    //ab 变量被重新赋值
var a = 2
a : Int = 2   //ab 类型被自动定义为 Int 类型
```

② 声明常量:常量的值不可以被重新定义,在声明常量时必须指定值,类型也可以依赖于值自动推断。语法为:val VariableName [:DataType] = Initial Value。

```
示例:val a : Int = 50
        a : Int = 50
        a = 30
        error:reassignment to val    //常量 ab 不能被重新赋值,赋值后发生错误。
        val a = 50
        a : Int  = 50    //常量 ab 的类型被自动推断为 Int 类型
```

2. 运算符与表达式

Scala 中常用的基础运算符如下。

- 算术运算符:+、—、* 、/、%
- 关系运算符:< 、> 、=、! =、> =、< =
- 逻辑运算符:&&、||、!
- 值变运算符:++、--
- 成员运算符:· 、[]
- 条件运算符:?:
- 赋值运算符:= 运算符与表达式示例如下。

```
var a:Int = (3 + 2-5) * 0/5
a : Int  =  0
```

3. 条件分支控制

语法如下。

```
if(条件表达式){
语句 1
}
[else{
语句 2
}]//else 分支是可选的分支
```

示例如下。

```
var a = 1;
var b = 15;
if(a > b){
println(a);
}else{
println(b);
}
运行结果:15
```

4．循环流程控制

（1）for 循环控制语句

```
for(迭代变量<-初始值 to 终点值){
    循环体语句
}
```

示例如下。

```
var i = 1;
var sum = 0;
for(i <-1 to 100){
    sum + = i;
}
println(sum);
```

（2）while 循环控制语句

```
while(循环条件表达式){
    循环体语句
}
```

示例如下。

```
var i : Int = 1;
var sum = 0;
for(i < 100){
    sum + = i;
    i = i + 1;
}
println(sum);
```

5．Scala 数据类型

Scala 基本数据类型：Byte、Short、Int、Long、Float、Double、Char、String、Boolean。Scala 其他数据类型如下。

Unit：指代没有任何类型。

Null：指代空类型。

Nothing：指代所有类型的子类型。

AnyVal：指代所有的值类型。

AnyRef：指代所有的引用类型。

Any：指代所有类型的超类型。

集合数据类型如下。

Array：数组类型。

List：列表类型。

Set:表列类型。

Tuple:元组类型。

Map:字典类型。

示例如下 。

```
var arr:Array[String] = new Array[String](3);
arr:Array[String] = Array(null,null,null)
arr(0) = "beijing"
arr(1) = "tianjin"
arr(2) = "hebei"
for(a<-arr)
    println(a)
运行结果:
Beijing
Tianjin
hebei
```

6. Scala 运算与函数

函数创建语法如下。

```
def funName(参数列表)[:type] = {
    函数体语句
}
```

示例如下。

```
def max(x : Int, y: Int) :Int = {
  if(x > y){
    return x;}
  else{
    return y;}
}
```

7. Scala 数组与字符串

(1) 数组

数组是用于存储固定长度的一系列某种特定类型的元素的集合。数组中的元素按照线性方式排列并存储在内存中。

① 定义 Scala 数组时必须指定数组元素的泛型,否则将默认为 Nothing 类型,拒绝将任何元素添加到数组集合中去。

② 在创建数组时无需指定数组的长度和泛型,数组元素的个数及其类型可通过创建数组时枚举的值来判定。

示例如下。

```
val arr = Array("shi","ji","xue","yuan")
arr:Array[string] = Array("shi","ji","xue","yuan")
scala>arr.apply(0)
res:String=shi
scala>arr.apply(1)
res:String=ji
```

(2) 字符串

① 字符串常量。Scala 中的字符串常量有以下三种形式。

单引号:表示单个字符,如'B'。

双引号:表示字符串,如“ABCD”。

三引号:表示可以换行的多行字符串,如"""可换行的字符串"""。

② 字符串变量。Scala 中没有自己的 String 类型,由 Java 的 API 来定义,因此延承了Java 中字符串的全部特性。

示例如下。

```
var str="shijixueyuan";
str:String = shijixueyuan
var len=str.length();//length方法求字符串的长度
len:Int = 12
var str0:String=str+":123"//连接两个字符串可以直接使用重载的"+"操作符
str0:String=shijixueyuan:123
```

8. Scala 类和对象

类和对象是 Java、C++等面向对象编程的基础概念。类是用来创建对象的蓝图,定义好类以后,就可以使用 new 关键字来创建对象。

类的定义形式如下。

```
class Counter{
        //这里定义类的字段和方法
}
```

然后使用 new 关键字来生成对象,语法如下。

```
new Counter //或者 new Counter()
```

7.4 Spark 生态系统

Spark 生态圈中包含诸多子系统,这些子系统是基于 Spark 核心 API 的应用框架。Spark 核心 API 以 Spark RDD 数据集为基础,同时 Spark RDD 又是 Spark 生态圈中其他子系统予以扩展的基础框架。Spark 生态圈中有如下常用子系统(如图 7-2 所示)。

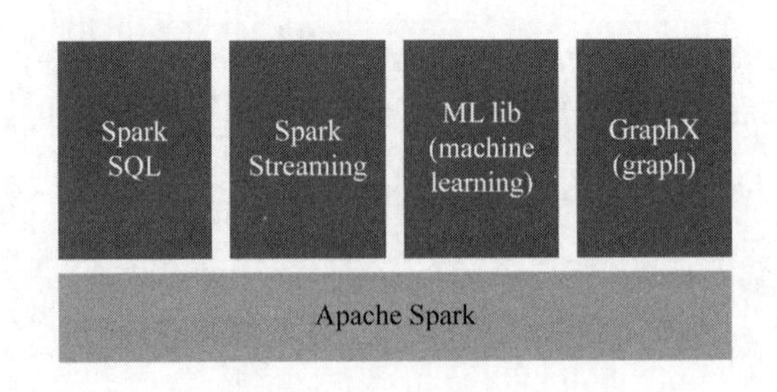

图 7-2　Spark 常用子系统

Spark 生态系统包含了 Spark SQL、Spark Streaming、MLlib、Graphx 等组件，各组件的具体功能如下。

Spark SQL：该子系统可将传递给 Spark 内核的类 SQL 语句翻译成基于 Scala API 的 Spark 代码，然后将其包装成 Spark 应用提交给 Spark 集群处理，其数据源可以来源于数据库、文件系统等各种存储介质，且以指定的数据格式从这些存储系统中提取所需要处理的数据。

Spark Streaming：该子系统可基于离散数据流完成实时分析处理，处理的数据通常来自本地事件流、Socket 网络数据流、KafKa 中间件的缓存数据流等。分析数据的特征是准实时计算和处理，数据的输出端通常指向业务平台的前端系统。

MLlib：该子系统是 Spark 框架提供机器学习算法库。机器学习俗称人工智能，它是指将一系列的样本输入数据，通过维度设计、数据回归、曲线拟合等方式得出一套经验公式或数理结论，然后将其应用于未来某个时空点产生的数据维度并预测可能发生的业务数据。MLlib 机器学习算法库基于 Spark 平台下的内存迭代方式进行数据分析。支持的算法包括逻辑回归、朴素贝叶斯、支持向量机(SVM)，决策树、线性回归等。

Graphx：Graphx 提供了用于构建图形的功能，表示为图形 RDD——EdgeRDD 和 VertexRDD。Graphx 提供 Pregel 消息传递 API，该 API 与 Apache Giraph 实现的大规模图形处理的 API 相同，且是一个在 Hadoop 上运行的，可以实现图形算法的项目。

7.5　Spark 运行架构

本节首先介绍 Spark 的基本概念，然后介绍 Spark 分布式对象集 RDD，最后介绍 Spark 运行架构及运行原理。

7.5.1　基本概念

Spark 运行架构中包含以下六个非常重要的概念。

① 弹性分布式数据集(Resilient Distributed DataSet, RDD)：是分布式内存的一个抽象概念，一种高度受限的共享内存模型。

② 进程 Executor：负责任务的运行以及应用程序的数据存储。

③ 应用 Application：用户编写的 Spark 应用程序。

④ 任务 Task：运行在进程 Executor 上的工作单元。

⑤ 作业 Job：一个作业 Job 包含多个 RDD 及作用于相应 RDD 上的各种操作。

⑥ 阶段 Stage：是 Job 的基本调度单位。一个 Job 会分为多组 Task，每组 Task 被称为

Stage,或者被称为 TaskSet,代表一组关联的、相互之间没有 Shuffle 依赖关系的任务组成的任务集。Spark 各种概念之间的相互关系如图 7-3 所示。

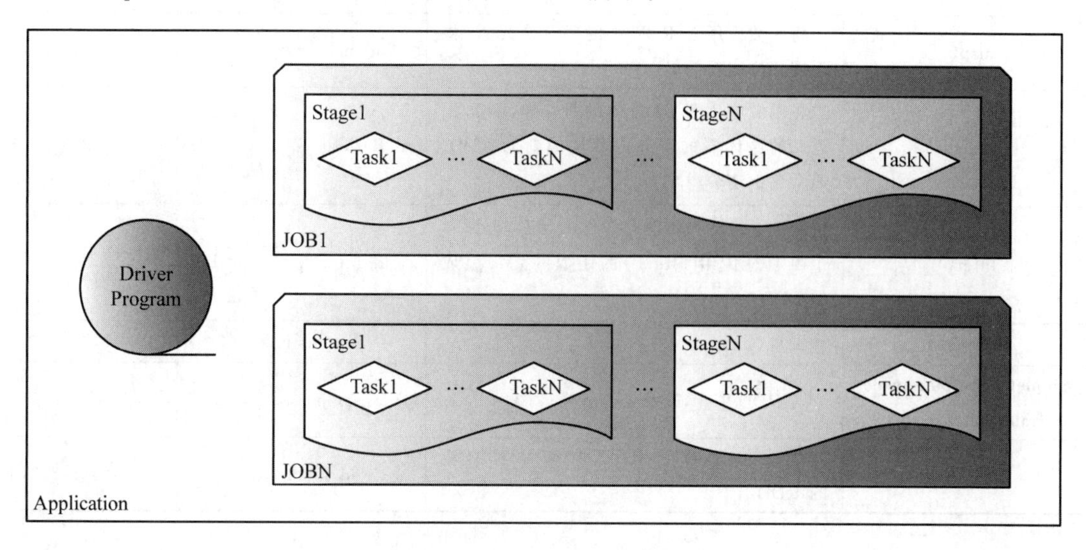

图 7-3 Spark 各种概念的关系

7.5.2 分布式数据集 RDD

Spark 的核心是建立在统一的抽象弹性分布式数据集 RDD 之上的,通过操作 RDD 对象来并行化操作集群上的分布式数据,本节将对 RDD 进行基本介绍。

1. RDD 的基本概念

RDD 是 Spark 分布式内存的一个抽象概念,一种高度受限的共享内存模型,是一种有容错机制的特殊数据集合,可以分布在集群的结点上,本质上是一个只读的分区记录集合。每个 RDD 可以分成多个分区,每个分区就是一个数据集片段,一个 RDD 的不同分区可以保存到集群中的不同结点上,从而可以在集群中的不同结点上进行并行计算。

2. RDD 的构建

Spark 里的计算都是通过操作 RDD 完成的,RDD 是只读的,不能直接修改,所以 RDD 的创建有两种方式。

(1) 从内存或文件系统里直接读取数据

从内存里构造 RDD,需要使用 makeRDD 方法,代码为:val rdd01 = sc.makeRDD(List(1,2,3,4,5,6))//创建一个由"1,2,3,4,5,6"六个元素组成的 RDD。

通过文件系统构造 RDD,代码为:val rdd:RDD[String] == sc.textFile("file:///D:/sparkdata.txt",1)//使用的是本地文件系统。

(2) 通过 RDD 执行转换操作生成新的 RDD

RDD 为常见的数据运算提供了丰富的运算算子,通过运算算子的执行生成新的 RDD。

3. RDD 基本操作

RDD 的操作分为转化(Transformation)操作和行动(Action)操作。转化操作就是从一个 RDD 产生一个新的 RDD,而行动操作就是进行实际的计算。当 RDD 执行转化操作时,实际计算并没有被执行,只有当 RDD 执行行动操作时才会触发计算任务提交,从而执行相应的计算操作。基本的 RDD 转换操作如表 7-1 所示,基本的 RDD 行动操作如表 7-2 所示。

表 7-1 基本的 RDD 转换操作(rdd={1,2,3,3})

函数名	作用	示例	结果
map()	将函数应用于 RDD 中的每一个元素,将返回值构成新的 RDD	rdd. map(x=>x+1)	{2,3,4,4}
flatMap()	将函数应用于 RDD 中的每一个元素,将返回的迭代器的所有内容构成新的 RDD。通常用例切分单词	rdd. flatMap(x=>x. to(3))	{1,2,3,2,3,3,3}
filter()	函数会过滤掉不符合条件的元素,返回一个由通过传给 filter()的函数的元素组成的 RDD	rdd. filter(x=>x!=1)	{2,3,3}
distinct()	去重	rdd. distinct()	{1,2,3}
sample(witherplacement, framction,[seed])	对 RDD 采样,以及是否替换	rdd. sample(false,0. 5)	非确定的
union()	生成包含两个 RDD 所有元素的新的 RDD	rdd. union(rdd)	{1,2,3,3,1,2,3,3}

表 7-2 基本的 RDD 行动操作(rdd={1,2,3,3})

函数名	作用	示例	结果
collect()	返回 RDD 中的所有元素	rdd. collect()	{1,2,3,3}
count()	RDD 中的元素个数	rdd. count ()	4
countByvalue()	各元素在 RDD 中出现次数	rdd. countByvalue ()	{(1,1),(2,1),(3,2) }
take(num)	从 RDD 中返回 num 个元素	rdd. take(2)	{1,2}
top(num)	从 RDD 中返回最前面的 num 个元素	rdd. top(2)	{3,3}
reduce(func)	并行整合 RDD 中所有数据	rdd. reduce ((x,y)=>x+y)	9

为了避免多次计算同一个 RDD,可以用 persist()或 cache()方法来标记一个需要被持久化的 RDD,一旦首次被一个行动(Action)触发计算,它将会保留在计算节点的内存中并重用。

4. RDD 特性

弹性分布式数据集具备如下特征。

(1) 迭代步骤的可恢复性

当一个应用存在多个操作步骤时,若在作业执行过程中某个步骤出错,只需在出错步骤的前一步骤后重新执行进行恢复,而无须从第一个步骤开始恢复执行。

(2) 故障作业的高可靠性

若某个作业出错或失败,则会自动进行特定次数(默认 3 次)的重试。该重试包括作业本身的重试和基于作业操作底层节点任务计算失败的重试(默认 4 次)。

(3) 故障数据的高度容错

若某个作业失败导致数据计算结果不完整,则作业会重新提交或重试,这时仅收集计算失败的数据分片进行重新计算,大大降低了容错开销。

(4) 减少磁盘 I/O 开销

RDD 的中间计算结果持久化到内存中,大大减少了磁盘的 I/O 开销。

5. RDD依赖关系

RDD是粗粒度的操作数据集,每个Transformation操作都会生成一个新的RDD,所以RDD之间就会形成类似流水线的前后依赖关系。RDD之间存在两种类型的依赖关系:窄依赖和宽依赖。窄依赖:每个父RDD的一个Partition最多被子RDD的一个Partition所使用。宽依赖:一个父RDD的Partition会被多个子RDD的Partition所使用。两种依赖关系的区别如图7-4所示。

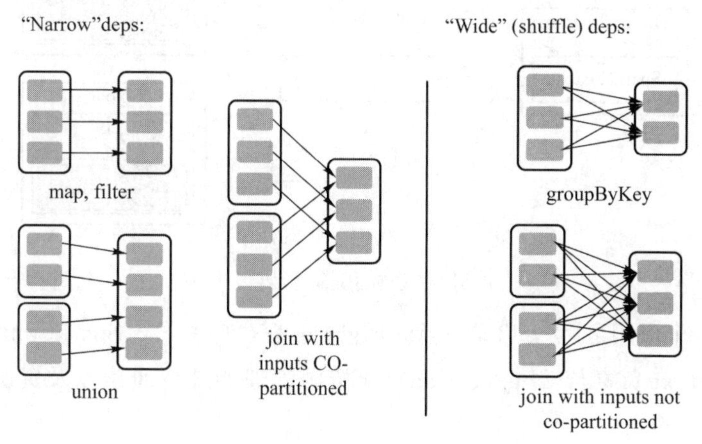

图7-4　RDD依赖关系

Spark宽窄依赖关系的设计,使RDD数据集通过"血缘关系"查找RDD之间的转换关系,当RDD部分数据丢失时,可以通过血缘关系重新运算或者恢复丢失的数据分区,大大提高了容错性。

6. 阶段的划分

Spark通过各个RDD之间的依赖关系生成有向无环图,然后根据各RDD分区之间的依赖关系进行阶段的划分,当遇到宽依赖时就断开,遇到窄依赖就把当前的RDD加入当前阶段中。根据RDD分区依赖关系进行的阶段划分如图7-5所示。

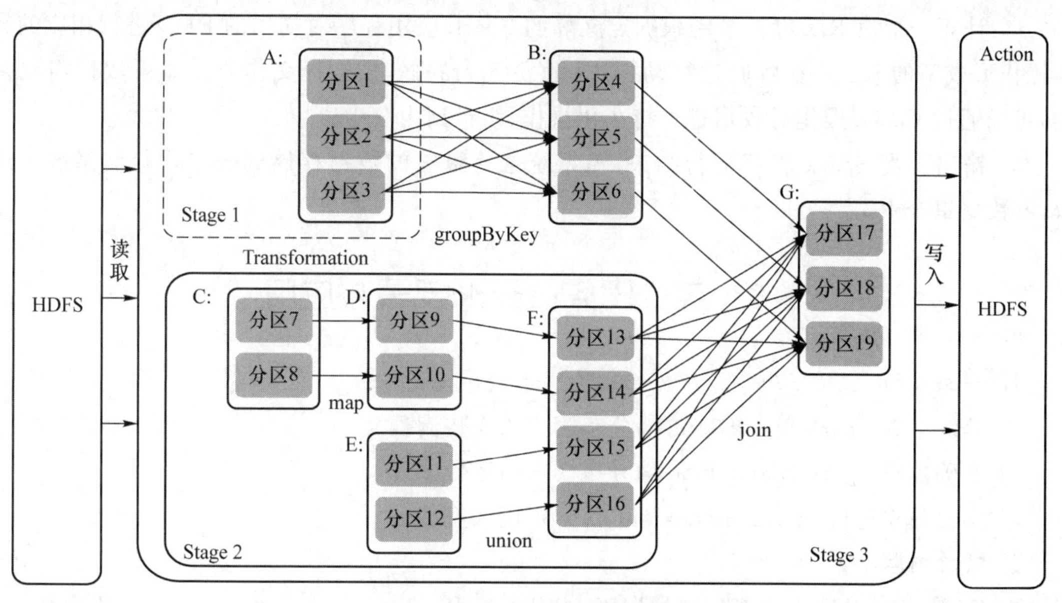

图7-5　RDD依赖关系阶段划分

7.5.3 运行架构

Spark 运行架构如图 7-6 所示。

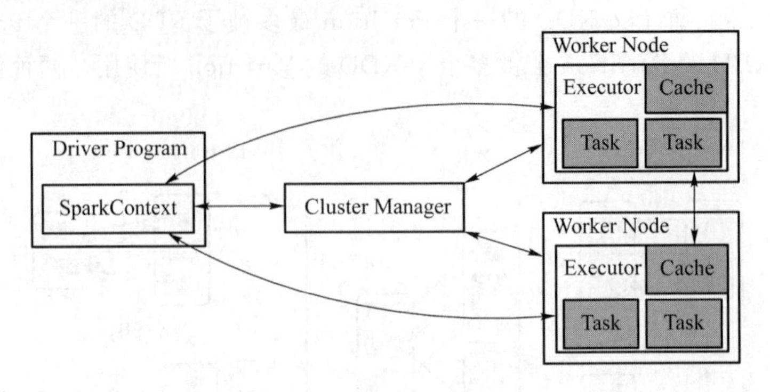

图 7-6 Spark 运行架构

Spark 提交一个应用之后会启动一个 Driver 进程，创建一个 SparkContext，构建运行环境。由 SparkContext 负责与 Cluster Manager 资源管理器进行通信以及资源的申请、任务的分配等。

SparkContext 向 Cluster Manager 申请工作节点，供 Executor 运行。Cluster Manager 资源管理器为 Executor 分配资源后，启动 Executor 进程，并向 Executor 发送应用程序代码和文件，然后在 Executor 上执行 Task。

运行结束后，执行结果会返回到 Driver 或者写到磁盘中。

在任务运行过程中，弹性分布式数据集 RDD 根据依赖关系进行任务区分，RDD 工作流程分为以下三个步骤。

① 输入。定义初始化 RDD，数据在 Spark 程序运行时从外部数据空间读取进入系统，转化为 Spark 数据块，形成最初始的 RDD。

② 计算。形成 RDD 后，系统根据定义好的 Spark 应用程序对初始的 RDD 进行相应的转换操作形成新的 RDD；然后通过行动操作，触发 Spark 驱动器，提交作业。如果数据需要复用，可以通过 Cache 操作对数据进行持久化操作，缓存到内存中。

③ 输出。当 Spark 程序运行结束后，系统会将最终的数据存储到分布式存储系统中或 Scala 数据集合中。

7.6 实战任务：Spark 部署与应用

1. 实验目的

① 熟练掌握 Spark Standalone 伪分布模式的安装流程。

② 准确理解 Spark Standalone 伪分布模式的运行原理。

③ 学会独立进行 Spark Standalone 伪分布模式安装。

2. 实验内容

在 Hadoop 伪分布已经搭好的情况下，安装 Spark。

3. 实验原理和流程

① 查看 Java 版本号。

② 查看 spark-env. sh. template 是否存在。

③ 修改 slaves. template 和 spark-env. sh. template 为 slaves 和 spark-env. sh。

④ 启动 Spark 查看进程,进程数为 3。

⑤ 同时启动 Hadoop 和 Spark 且查看进程,进程数为 8。

4. 实验过程及参考源代码

① Spark 的运行依赖 jdk、Hadoop、Scala。这里默认已安装 jdk 以及 Hadoop 伪分布模式。

② 在 Linux 上,创建目录/data/spark2,用于存储 spark 安装所需的文件。语法如下。

```
mkdir -p /data/spark2
```

切换目录到/data/spark2 下,使用 wget 命令,下载所需要的 Spark 的安装包 spark-1. 6. 0-bin-hadoop2. 6. tgz 及 scala 安装包 scala2. 10. 4. tgz。示例如下。

```
cd /data/spark2/
wget http://192.168.1.100:60000/allfiles/spark2/scala-2.10.4.tgz
wget http://192.168.1.100:60000/allfiles/spark2/spark-1.6.0-bin-hadoop2.6.tgz
```

此处建议使用 scala-2. 10. 4 版本。官网中指出,若使用 scala2. 11. x,则需要重新编译 spark,并且编译时,需要指定 scala 版本的类型。

关于 spark 版本,没有严格要求,所以我们使用 spark 1. 6 版本。

③ 安装 Scala。切换目录到/data/spark2 下,将目录下的 scala-2. 10. 4. tgz 解压缩到/apps 目录下,并将解压后的目录名改为/apps/scala。示例如下。

```
cd /data/spark2/
tar -xzvf /data/spark2/scala-2.10.4.tgz -C /apps/
cd /apps
mv /apps/scala-2.10.4/ /apps/scala
```

使用 vim 打开用户环境变量~/. bashrc。示例如下。

```
vim ~/.bashrc
```

将 scala 的 bin 目录追加到用户环境变量中。示例如下。

```
#scala
export SCALA_HOME=/apps/scala
export PATH=$SCALA_HOME/bin:$PATH
```

执行 source 命令,使系统环境变量生效。示例如下。

```
source ~/.bashrc
```

④ 切换目录到/data/spark2 下,将 Spark 的安装包 spark-1.6.0-bin-hadoop2.6.tgz,解压缩到/apps 目录下,并将解压后的目录名,重命名为 spark。示例如下。

```
cd /data/spark2
tar -xzvf /data/spark2/spark-1.6.0-bin-hadoop2.6.tgz -C /apps/
cd /apps/
mv /apps/spark-1.6.0-bin-hadoop2.6/ /apps/spark
```

使用 vim 打开用户环境变量~/.bashrc。示例如下。

```
vim ~/.bashrc
```

将 spark 的 bin 目录追加到用户环境变量中。示例如下。

```
#spark
export SPARK_HOME=/apps/spark
export PATH=$SPARK_HOME/bin:$PATH
```

执行 source 命令,使用户环境变量生效。示例如下。

```
source ~/.bashrc
```

⑤ 切换目录到/apps/spark/conf 下,将 conf 目录下的配置文件 slaves.template 重命名为 slaves。示例如下。

```
cd /apps/spark/conf
mv slaves.template slaves
```

在 slaves 中,存储了所有 worker 节点的 IP 或主机名。使用文本编辑器 vim 打开 slaves 文件。将所有 worker 节点的 IP 添加进去。由于目前只有一台节点,所以是 127.0.0.1。示例如下。

```
vim slaves
```

⑥ 将/apps/spark/conf/spark-env.sh.template 文件,重命名为/apps/spark/conf/spark-env.sh。示例如下。

```
mv /apps/spark/conf/spark-env.sh.template /apps/spark/conf/spark-env.sh
```

使用 vim,打开/apps/spark/conf/spark-env.sh 文件。示例如下。

```
vim /apps/spark/conf/spark-env.sh
```

添加如下配置。

```
HADOOP_CONF_DIR = /apps/hadoop/etc/hadoop
JAVA_HOME = /apps/java
SPARK_MASTER_IP = 127.0.0.1
SPARK_MASTER_PORT = 7077
SPARK_MASTER_WEBUI_PORT = 8080
SPARK_WORKER_CORES = 1
SPARK_WORKER_MEMORY = 1g
SPARK_WORKER_PORT = 7078
SPARK_WORKER_WEBUI_PORT = 8081
SPARK_EXECUTOR_INSTANCES = 1
```

此处需要配置 JAVA_HOME 以及 HADOOP 配置文件所在的目录 HADOOP_CONF_DIR。

SPARK_MASTER_IP、SPARK_MASTER_PORT、SPARK_MASTER_WEBUI_PORT，分别指 spark 集群中，master 节点的 IP 地址、端口号、提供的 web 接口的端口。

SPARK_WORKER_CORES、SPARK_WORKER_MEMORY 为 worker 节点的内核数、内存大小。

此处可用根据自己机器情况调整配置项参数。

⑦ 启动 Hadoop，首先需要保证 Hadoop 相关进程为启动状态。示例如下。

```
cd /apps/hadoop/sbin
./start-all.sh
```

切换目录到/apps/spark/sbin 目录下，启动 Spark。示例如下。

```
cd /apps/spark/sbin
./start-all.sh
```

执行 jps，查看进程变化。

⑧ 执行测试。

在 HDFS 上，创建/myspark2 目录，并将 Linux 上/apps/spark/README. md 文件，上传到 HDFS。示例如下。

```
hadoop fs -mkdir /myspark2
hadoop fs -put /apps/spark/README.md /myspark2/
```

切换目录到/apps/spark/bin 目录下，使用 Spark Shell 客户端，访问服务端，验证安装完的 Spark 是否可用，进入命令行模式。示例如下。

```
cd /apps/spark/bin
./spark-shell --master spark://localhost:7077
```

在 Spark Shell 中，使用 scala 加载 HDFS 上的 README. md 文件，并转变为 rdd。示例如下。

```
var mytxt = sc.textFile("hdfs://localhost:9000/myspark2/README.md");
```

统计文件的行数。示例如下。

```
mytxt.count();
```

可用看到输出为:res3: Long = 95 表明安装正确。

⑨ 在刚才执行统计过程中,由于 Log4j 的日志输出级别为 info 级别,所以会在屏幕上输出很多的 log,很难定位程序的输出结果。输入 exit,退出 spark-shell,并切换目录到/apps/spark/sbin 目录下,停止 Spark。示例如下。

```
exit
cd /apps/spark/sbin
./stop-all.sh
```

然后切换目录到/apps/spark/conf 目录下,将目录下 log4j.properties.template 重命名为 log4j.properties。示例如下。

```
cd /apps/spark/conf
mv /apps/spark/conf/log4j.properties.template /apps/spark/conf/log4j.properties
```

使用 vim 打开 log4j.properties 文件。示例如下。

```
vim log4j.properties
```

更改 log4j 的日志级别为 WARN 级别,修改 log4j.rootCategory 内容。示例如下。

```
log4j.rootCategory=WARN, console
```

再次启动 Spark。示例如下。

```
cd /apps/spark/sbin
./start-all.sh
```

进入 Spark-Shell。示例如下。

```
spark-shell --master spark://localhost:7077
```

执行 Spark-Shell 命令。示例如下。

```
val mytxt = sc.textFile("hdfs://localhost:9000/myspark2/README.md")
mytxt.count()
```

完整效果如下所示。

```
scala> val mytxt = sc.textFile("hdfs://localhost:9000/myspark2/README.md")
mytxt: org.apache.spark.rdd.RDD[String] = MapPartitionsRDD[1] at textFile at <console>:27
    scala> mytxt.count()
    res0: Long = 95
    scala>
```

可以看到,相对于调整 log4j 日志级别前,输出的内容更加精简了。

小 结

本章首先对 Spark 进行了概述,分析了 Spark 与 Hadoop 的区别与优缺点,然后介绍了 Scala 编程语言以及 Spark 的生态系统,最后介绍了 Spark 运行架构以及重要概念。

在编程实践环节,通过学习 Spark 的部署和应用方式,了解 Spark 的安装部署及 Spark RDD 的基本操作。

习 题

1. 选择题

(1) 关于 Spark 的特性说法不正确的是(　　)。

A. Scala 是 Spark 的主要编程语言,Spark 仅支持 Scala 语言编程

B. Spark 的计算模式也属于 MapReduce,但编程模型比 Hadoop MapReduce 更灵活

C. Spark 基于 DAG 的任务调度执行机制,要优于 Hadoop MapReduce 的迭代执行机制

D. Spark 提供了内存计算,可将中间结果放到内存中,对于迭代运算效率更高

(2) Spark 和 Hadoop 对比,说法错误的是(　　)。

A. Hadoop 中间结果会存储在磁盘上

B. Spark 中间结果会存储在内存中

C. Spark 相对于 hadoop 提供了更多的操作

D. Spark 已经完全取代 hadoop

(3) RDD 操作包括转换(Transformation)和动作(Action)两种类型,下列 RDD 操作属于动作(Action)类型的是(　　)。

A. groupBy　　B. join　　C. map　　D. collect

(4) RDD 操作包括转换(Transformation)和动作(Action)两种类型,下面哪组全是 Transformation 操作(　　)。

A. map、flatMap、take、union

B. filter、distinct、reduceByKey、countByKey

C. repartition、join、sortByKey、groupByKey

D. map、mapPartitions、saveAsTextFile、intersection

(5) 在以下选项中,选出宽依赖项(　　)。

A. map　　B. filter　　C. union　　D. groupByKey

(6) Spark 本地模式安装过程不包含下面哪个步骤(　　)。

A. 下载安装包　　B. 配置主机名　　C. 修改环境变量　　D. 启动 Spark

(7) 在 Spark 中,以下选项描述不正确的有(　　)。

A. 一个应用程序,可能会有多个 job

B. 一个 job,可能对应一个 stage

C. 一个 stage,可能会对应多个 task

D. 一个 job,可能对应多个 stage

(8) 以下哪个不是 Spark 的组件( )。

A. MLBase/MLlib B. GraphX C. Spark R D. Matlab

(9) Spark 本地模式安装过程不包含下面哪个步骤( )。

A. 下载安装包 B. 配置主机名 C. 修改环境变量 D. 启动 spark

(10) 下列说法错误的是( )。

A. 在选择 Spark Streaming 和 Storm 时,对实时性要求高(比如要求毫秒级响应)的企业更倾向于选择流计算框架 Storm

B. Spark 支持三种类型的部署方式:Standalone,Spark on Mesos,Spark on YARN

C. RDD 采用惰性调用,遇到"转换(Transformation)"类型的操作时,只会记录 RDD 生成的轨迹,只有遇到"动作(Action)"类型的操作时才会触发真正的计算

D. RDD 提供的转换接口既适用 filter 等粗粒度的转换,又适合某一数据项的细粒度转换

2. 填空题

(1) Apache 软件基金会最重要的三大分布式计算系统开源项目包括________、________、________。

(2) Spark 是 2009 年诞生于伯克利大学 AMPLab 的基于________计算框架。

(3) Spark 的主要特点包括________、________、________、________。

(4) RDD 的中文全称是________,是分布式内存的一个抽象概念,提供了一种高度受限的共享内存模型。

(5) Spark 运行模式有________、________、________。

3. 问答题

(1) 试述 Spark 的生态系统。

(2) 试述 Spark 运行基本流程。

(3) 试述 Spark 的重要概念:RDD、阶段、宽依赖、窄依赖、Action 操作、Transformation 操作。

4. 上机训练

(1) Spark 环境搭建及部署。

(2) Spark 编程实现 WordCount。

第 8 章　数据可视化

导言

随着大数据的发展，在对庞大的数据处理及复杂多样的数据分析中，数据可视化已经成了人们必不可少的数据分析工具。数据可视化主要指借助于图形化手段，清晰、有效地传达信息，并将数据用统计图表方式呈现。数据可视化是数据分析的最后环节，可以提升数据分析的效率和效果。

本章介绍了数据可视化的相关知识：可视化概述、可视化工具、可视化应用。

本章学习目标

➢ 知识目标

- 理解数据可视化的概念
- 学习数据可视化分析工具
- 了解数据可视化案例

➢ 能力目标

- 能解释案例的主要技术要点

8.1　可视化概述

数据可视化(Data Visualization)主要指借助于图形化手段，清晰、有效地传达信息，并将数据用统计图表方式呈现。数据可视化与信息图形、信息可视化、科学可视化以及统计图形密切相关。当前，在研究、教学和开发领域，数据可视化仍是一个极为活跃且关键的方面。

数据可视化起源于 20 世纪中叶的计算机图形学，人们使用计算机创建图形、图表，可视化提取数据将数据的各种属性和变量呈现出来。我们熟悉的饼图、直方图、散点图、柱状图等，是最原始的统计图表，它们是数据可视化最基础、最常见的呈现方式。随着计算机硬件的发展，人们创建更复杂、规模更大的数字模型，发展了数据采集设备和数据保存设备，这也需要更高级的计算机图形学技术及方法来创建这些规模庞大的数据集。随着数据可视化平台的拓展和应用领域的增加，其表现形式不断变化，增加了诸如实时动态效果、用户交互使用等形式，数据可视化像所有新兴概念一样，边界不断扩大。

最原始统计图表只能呈现基本的信息、发现数据中的结构和可视化定量的数据结果。面对复杂或大规模异型数据集，例如商业分析、财务报表、人口状况分布、媒体效果反馈、用户行为数据等，数据可视化面临的状况会复杂得多。

传统的可视化可以大致分为探索性可视化和解释性可视化，按照其应用来分，可视化有如下目标。

- 有效呈现重要特征。
- 揭示客观规律。
- 辅助理解事物概念和过程。
- 对模拟和测量进行质量监控。
- 提高科研开发效率。
- 促进沟通交流和合作。

8.2 可视化工具

目前,已有很多数据可视化工具,可以满足不同可视化需求,包括入门级工具 Excel、图标工具、地图工具等,本节以具体工具为例,简单介绍其使用方法。

8.2.1 Google Charts API

Google Charts 是基于 JavaScript 的图表库,旨在通过添加交互式图表功能来增强 Web 应用程序。在 Chrome、Firefox、Safari、Internet Explorer(IE)等标准浏览器中使用可缩放的矢量图形(SVG)绘制图表。它支持多种图表,包括折线图、区域图、饼图、气泡图和 3D 图标等。Google Charts 具有以下功能。

- 兼容性:可在所有主流浏览器和移动平台(如 Android 和 iOS)上工作。
- 多点触控支持:支持基于触摸屏的平台上的多点触控。
- 免费使用:开源,可以免费用于非商业用途。
- 轻量级:loader. js 核心库是非常轻量级的库。
- 简单配置:使用 json 定义图表的各种配置,非常容易学习和使用。
- 动态:即使在生成图表后也允许修改图表。
- 多个轴:不限于 x 轴、y 轴,支持图表上的多个轴。
- 外部数据:支持从服务器动态加载数据,使用回调函数提供对数据的控制。
- 文本轮换:支持在任何方向旋转标签。

Google Charts API 是 Google 公司提供的 Google Charts 接口,可以用来统计数据可视化生成图片。其使用简单,不需要安装任何软件,直接在浏览器地址栏输入地址即可。网址各参数含义如下。

① http://chart. apis. google. com/chart? 是 Google 图表服务的网址,所有生成的图表都必须使用这个网址。“?”后面跟的是参数,格式是“参数名=参数值”。不同的参数之间用“&”分割,次序可以随意变换。

② cht(chart type)为图表种类。bvs 表示“竖直条形图”,bhs 表示“水平条形图”,lc 表示折线图等类型,cht=bvs 表示生成竖直条形图。

③ chs(chart size)为图表面积。面积=宽×长,单位为像素。

④ chtt(chart title)为图表标题。chtt=BIGDATA 表示标题是 BIGDATA。

⑤ chd(chart data)为图表数据。chd=s:hW 表示数据是普通字符串(simple string)hW, hW 代表具体数据集,两数据之间使用逗号分隔。目前,允许的编码选择有 simple (s)、extended (e)和 text (t)。

⑥ chco(chartcolor)为条块颜色。

⑦ chf( )表示填充色，其分为两部分：chf = c,s,76A4FB|bg,s,FFF2CC。其中，“c,s,76A4FB”表示内容部分(c)用蓝色(76A4FB)填充，“bg,s,FFF2CC”表示背景部分(bg)用淡黄色(FFF2CC)填充。它们之间用竖线“|”分割。

8.2.2 D3

D3 的英文全称是 Data-Driven Documents，是一个被数据驱动的文档，为 JavaScript 的函数库，主要用来做数据可视化的。D3 提供了各种简单、易用的函数，大大简化了 JavaScript 操作数据的难度，D3 已经将生成可视化的复杂步骤精简到了简单的函数，只需要输入简单的数据，就能够转换为各种绚丽的图形。D3 是一个开源项目，代码托管于 GitHub。D3 的下载网址为：https://d3js.org/。D3 执行步骤如下。

(1) 创建文件，下载 D3

① 创建目录并进入该目录，保存所有文件。示例如下。

```
mkdir D3
cd D3
```

② 下载 D3 压缩包。示例如下。

```
curl https://d3js.org/d3.v4.min.js --output d3.min.js
```

③ 下载 D3 后，设置 CSS 和 HTML 文件。示例如下。

```
nano style.css
touch bar.js
nano bar.html
```

④ 可以像设置其他大多数 HTML 文件一样设置此文件，我们将引用刚创建的 style.css 文件、bar.js 文件和脚本 d3.min.js，编辑 bar.html。保存并关闭。

```
<!DOCTYPE html>
<html lang="en">
  <head>
    <meta charset="utf-8">
    <title>Bar Chart</title>
    <link rel="stylesheet" type="text/css" href="style.css">

    <!-- Alternatively use d3.js here -->
    <script type="text/javascript" src="d3.min.js"></script>

  </head>

  <body>
```

```
    <script type="text/javascript" src="bar.js"></script>
  </body>
</html>
```

(2) 在 JavaScript 中设置 SVG,添加形状

使用文本编辑器打开文件 bar.js。

nano bar.js

```
var dataArray = [33, 23, 11, 24, 17, 35, 28, 24, 10];
var svg = d3.select("body").append("svg").attr("height","100%").attr("width","100%");
svg.selectAll("rect").data(dataArray).enter().append("rect").attr("height", function(d, i)
{return (d * 10)}).attr("width","40").attr("x", function(d, i) {return (i * 60) + 25}).attr("y",
function(d, i) {return 400 - (d * 10)});
```

包含以下 4 个属性。

```
("height", "height_in_pixels") 对应矩形的高度
("width", "width_in_pixels")对应矩形的宽度
("x", "distance_in_pixels")代表与浏览器窗口左侧的距离
("y", "distance_in_pixels")代表与浏览器窗口顶部的距离
```

(3) 使用 D3 设置样式

① 在 bar.js 设置图形类型:.attr("class", "bar")。

② 在 style.css 中设置条形填充颜色和选中颜色。

```
html, body {
  margin: 0;
  height: 100%
}
.bar {
  fill: blue          //条形图填充色为蓝色
}
.bar:hover {
  fill: red           //选中为红色
}
```

以上代码执行完毕生成的可视化图如图 8-1 所示。

8.2.3 ECharts

ECharts 是一个基于 ZRender(轻量级 Canvas 类库)的纯 Javascript 图表库,提供可交互、个性化的数据可视化图表,使用起来简单、易上手。ECharts 提供了折线图、柱状图、散点图、饼图、K 线图,以及地图、热力图、关系图等多种图表 API,并支持多图混搭。EChart 官方网址为 https://echarts.apache.org/zh/index.html。

以下提供了六种基本的数据可视化图形代码。

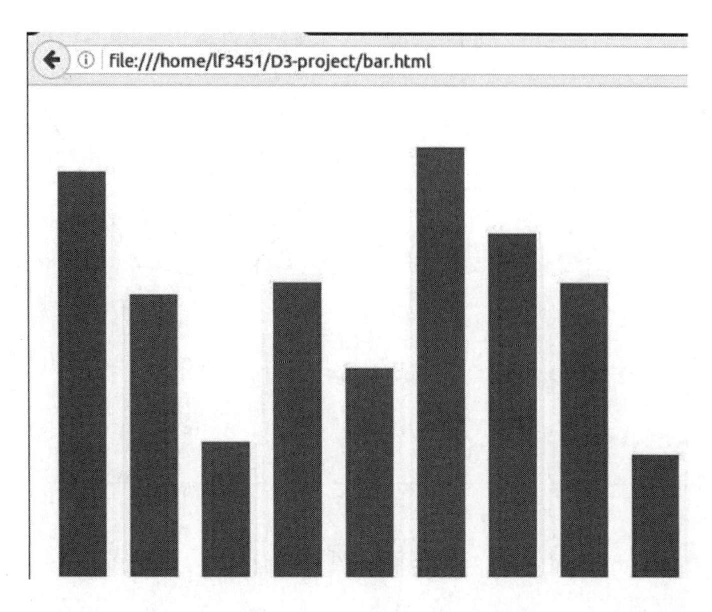

图 8-1 D3 可视化结果

1. 折线图

```
import * as echarts from 'echarts';
var chartDom = document.getElementById('main');
var myChart = echarts.init(chartDom);
var option;
option = {
    xAxis: {
        type: 'category',
        data: ['Mon', 'Tue', 'Wed', 'Thu', 'Fri', 'Sat', 'Sun']
    },
    yAxis: {
        type: 'value'
    },
    series: [{
        data: [820, 932, 901, 934, 1290, 1330, 1320],
        type: 'line',
        smooth: true
    }]
};
option && myChart.setOption(option);
```

运行结果如图 8-2 所示。

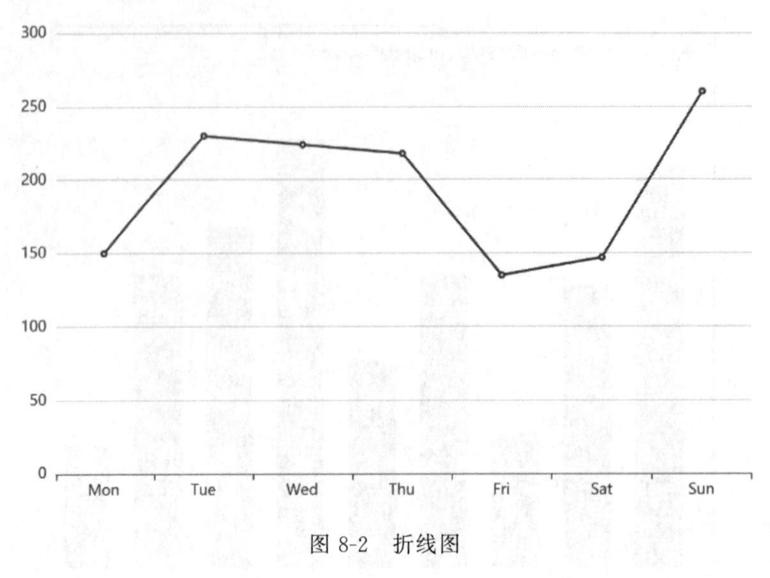

图 8-2　折线图

2. 柱状图

```
import * as echarts from 'echarts';
var chartDom = document.getElementById('main');
var myChart = echarts.init(chartDom);
var option;
option = {
    xAxis: {
        type: 'category',
        data: ['Mon', 'Tue', 'Wed', 'Thu', 'Fri', 'Sat', 'Sun']
    },
    yAxis: {
        type: 'value'
    },
    series: [{
        data: [120, 200, 150, 80, 70, 110, 130],
        type: 'bar',
        showBackground: true,
        backgroundStyle: {
            color: 'rgba(180, 180, 180, 0.2)'
        }
    }]
};
option && myChart.setOption(option);
```

运行结果如图 8-3 所示。

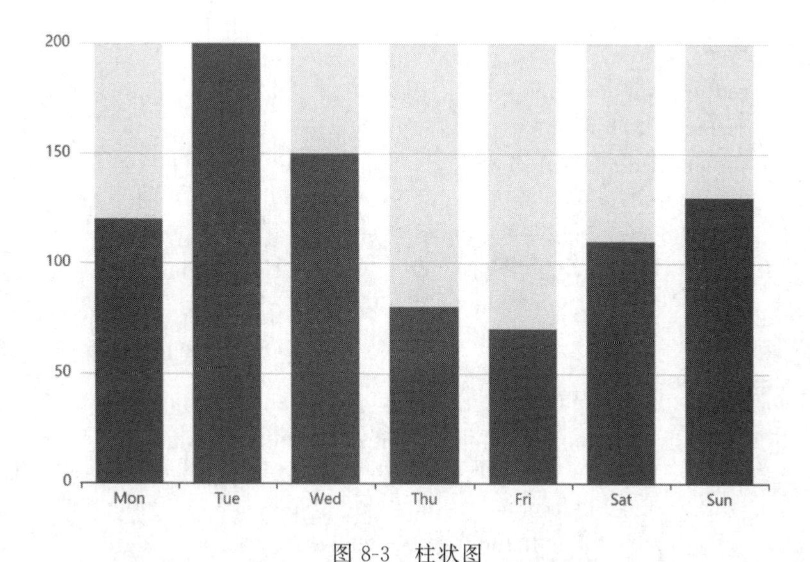

图 8-3　柱状图

3. 饼图

```
import * as echarts from 'echarts';
var ROOT_PATH = 'https://cdn.jsdelivr.net/gh/apache/echarts-website@asf-site/examples';
var chartDom = document.getElementById('main');
var myChart = echarts.init(chartDom);
var option;
var weatherIcons = {
    'Sunny': ROOT_PATH + '/data/asset/img/weather/sunny_128.png',
    'Cloudy': ROOT_PATH + '/data/asset/img/weather/cloudy_128.png',
    'Showers': ROOT_PATH + '/data/asset/img/weather/showers_128.png'
};
option = {
    title: {
        text: '天气情况统计',
        subtext: '虚构数据',
        left: 'center'
    },
    tooltip: {
        trigger: 'item',
        formatter: '{a} <br/>{b} : {c} ({d}%)'
    },
    legend: {
        bottom: 10,
        left: 'center',
        data: ['西凉', '益州', '兖州', '荆州', '幽州']
    },
    series: [
        {
```

```
                type: 'pie',
                radius: '65%',
                center: ['50%', '50%'],
                selectedMode: 'single',
                data: [
                    {
                        value: 1548,
                        name: '幽州',
                        label: {
                            formatter: [
                                '{title|{b}}{abg|}',
                                '  {weatherHead|天气}{valueHead|天数}{rateHead|占比}',
                                '{hr|}',
                                '  {Sunny|}{value|202}{rate|55.3%}',
                                '  {Cloudy|}{value|142}{rate|38.9%}',
                                '  {Showers|}{value|21}{rate|5.8%}'
                            ].join('\n'),
                            backgroundColor: '#eee',
                            borderColor: '#777',
                            borderWidth: 1,
                            borderRadius: 4,
                            rich: {
                                title: {
                                    color: '#eee',
                                    align: 'center'
                                },
                                abg: {
                                    backgroundColor: '#333',
                                    width: '100%',
                                    align: 'right',
                                    height: 25,
                                    borderRadius: [4, 4, 0, 0]
                                },
                                Sunny: {
                                    height: 30,
                                    align: 'left',
                                    backgroundColor: {
                                        image: weatherIcons.Sunny
                                    }
                                },
                                Cloudy: {
                                    height: 30,
                                    align: 'left',
```

```
        backgroundColor: {
            image: weatherIcons.Cloudy
        }
    },
    Showers: {
        height: 30,
        align: 'left',
        backgroundColor: {
            image: weatherIcons.Showers
        }
    },
    weatherHead: {
        color: '#333',
        height: 24,
        align: 'left'
    },
    hr: {
        borderColor: '#777',
        width: '100%',
        borderWidth: 0.5,
        height: 0
    },
    value: {
        width: 20,
        padding: [0, 20, 0, 30],
        align: 'left'
    },
    valueHead: {
        color: '#333',
        width: 20,
        padding: [0, 20, 0, 30],
        align: 'center'
    },
    rate: {
        width: 40,
        align: 'right',
        padding: [0, 10, 0, 0]
    },
    rateHead: {
        color: '#333',
        width: 40,
        align: 'center',
        padding: [0, 10, 0, 0]
```

```
                        }
                    }
                }
            },
            {value: 735, name: '荆州'},
            {value: 510, name: '兖州'},
            {value: 434, name: '益州'},
            {value: 335, name: '西凉'}
        ],
        emphasis: {
            itemStyle: {
                shadowBlur: 10,
                shadowOffsetX: 0,
                shadowColor: 'rgba(0, 0, 0, 0.5)'
            }
        }
    }
  ]
};

option && myChart.setOption(option);
```

运行结果如图 8-4 所示。

天气情况统计

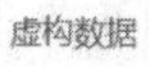

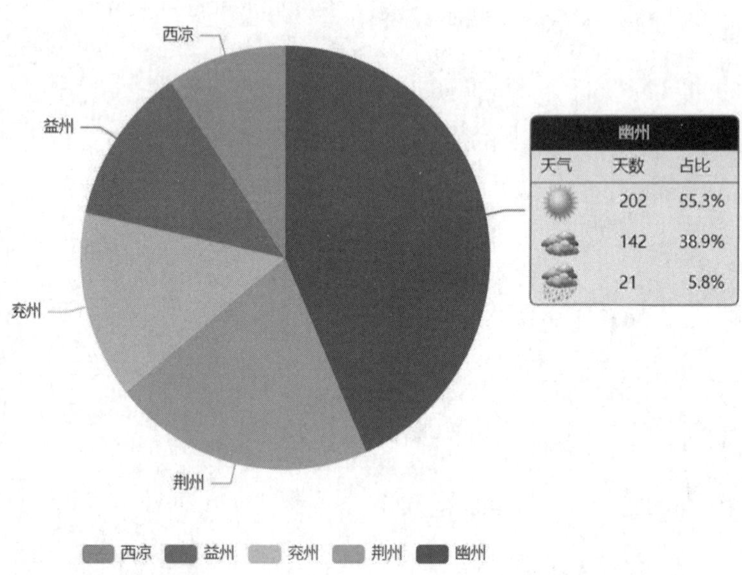

图 8-4　饼图

4. 散点图

```
import * as echarts from 'echarts';
var chartDom = document.getElementById('main');
var myChart = echarts.init(chartDom);
var option;
option = {
    xAxis: {},
    yAxis: {},
    series: [{
        symbolSize: 20,
        data: [
            [10.0, 8.04],
            [8.07, 6.95],
            [13.0, 7.58],
            [9.05, 8.81],
            [11.0, 8.33],
            [14.0, 7.66],
            [13.4, 6.81],
            [10.0, 6.33],
            [14.0, 8.96],
            [12.5, 6.82],
            [9.15, 7.20],
            [11.5, 7.20],
            [3.03, 4.23],
            [12.2, 7.83],
            [2.02, 4.47],
            [1.05, 3.33],
            [4.05, 4.96],
            [6.03, 7.24],
            [12.0, 6.26],
            [12.0, 8.84],
            [7.08, 5.82],
            [5.02, 5.68]
        ],
        type: 'scatter'
    }]
};
option && myChart.setOption(option);
```

运行结果如图 8-5 所示。

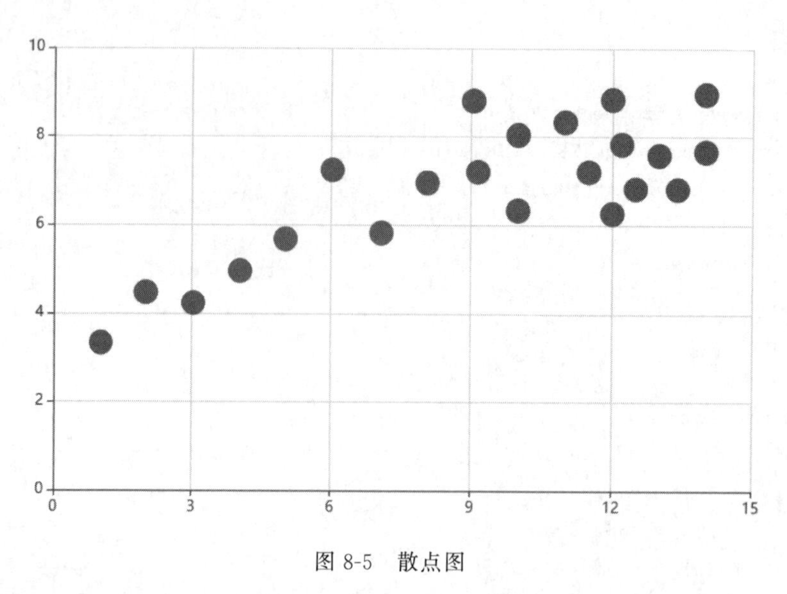

图 8-5　散点图

5. K 线图

```
import * as echarts from 'echarts';
var chartDom = document.getElementById('main');
var myChart = echarts.init(chartDom);
var option;
option = {
    xAxis：{
        data：['2017-10-24', '2017-10-25', '2017-10-26', '2017-10-27']
    },
    yAxis：{},
    series：[{
        type：'k',
        data：[
            [20, 34, 10,38],
            [40, 35, 30, 50],
            [31, 38, 33, 44],
            [38, 15, 5, 42]
        ]
    }]
};
option && myChart.setOption(option);
```

运行结果如图 8-6 所示。

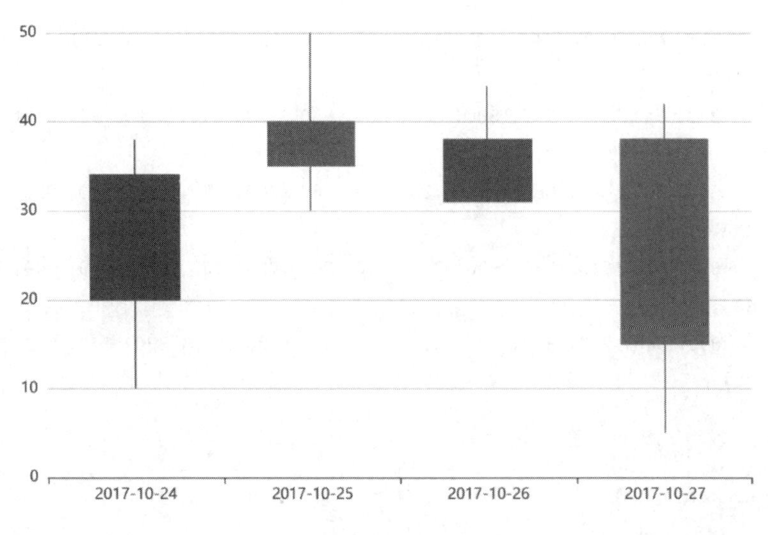

图 8-6　K 线图

6. 盒须图

```
import * as echarts from 'echarts';
var chartDom = document.getElementById('main');
var myChart = echarts.init(chartDom);
var option;
option = {
    title: [
        {
            text: 'Michelson-Morley Experiment',
            left: 'center'
        },
        {
            text: 'upper: Q3 + 1.5 * IQR \nlower: Q1 - 1.5 * IQR',
            borderColor: '#999',
            borderWidth: 1,
            textStyle: {
                fontWeight: 'normal',
                fontSize: 14,
                lineHeight: 20
            },
            left: '10%',
            top: '90%'
        }
    ],
    dataset: [{
        source: [
```

```
            [850, 740, 900, 1070, 930, 850, 950, 980, 980, 880, 1000, 980, 930, 650, 760, 810,
1000, 1000, 960, 960],
            [960, 940, 960, 940, 880, 800, 850, 880, 900, 840, 830, 790, 810, 880, 880, 830,
800, 790, 760, 800],
            [880, 880, 880, 860, 720, 720, 620, 860, 970, 950, 880, 910, 850, 870, 840, 840,
850, 840, 840, 840],
            [890, 810, 810, 820, 800, 770, 760, 740, 750, 760, 910, 920, 890, 860, 880, 720,
840, 850, 850, 780],
            [890, 840, 780, 810, 760, 810, 790, 810, 820, 850, 870, 870, 810, 740, 810, 940,
950, 800, 810, 870]
        ]
    }, {
        transform: {
            type: 'boxplot',
            config: { itemNameFormatter: 'expr {value}' }
        }
    }, {
        fromDatasetIndex: 1,
        fromTransformResult: 1
    }],
    tooltip: {
        trigger: 'item',
        axisPointer: {
            type: 'shadow'
        }
    },
    grid: {
        left: '10%',
        right: '10%',
        bottom: '15%'
    },
    xAxis: {
        type: 'category',
        boundaryGap: true,
        nameGap: 30,
        splitArea: {
            show: false
        },
        splitLine: {
            show: false
        }
    },
    yAxis: {
```

```
        type: 'value',
        name: 'km/s minus 299,000',
        splitArea: {
            show: true
        }
    },
    series: [
        {
            name: 'boxplot',
            type: 'boxplot',
            datasetIndex: 1
        },
        {
            name: 'outlier',
            type: 'scatter',
            datasetIndex: 2
        }
    ]
};
option && myChart.setOption(option);
```

运行结果如图 8-7 所示。

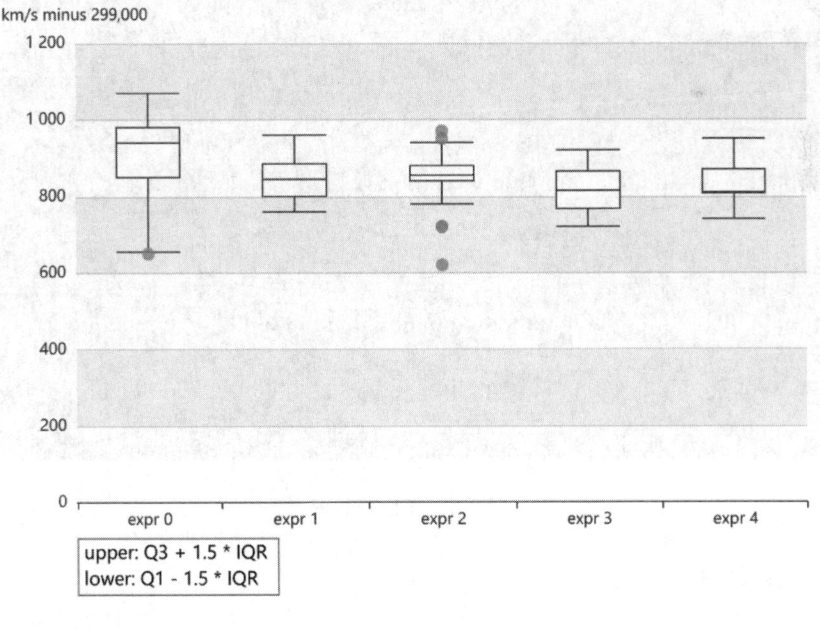

图 8-7　盒须图

8.3 可视化应用

8.3.1 百度迁徙

2014 年春运期间，百度推出了一个品牌项目——百度迁徙，启用百度地图定位可视化大数据播报国内春节人口迁徙情况。百度迁徙利用百度地图 LBS(基于地理位置的服务)开放平台、百度天眼，对其拥有的 LBS 大数据进行计算分析，并采用创新的可视化呈现方式，在业界首次实现了全程、动态、即时、直观地展现中国春节前后人口大迁徙的轨迹与特征。

在功能方面，2015 年版在 2014 年版基础上实现了全面升级，包含人口迁徙、实时航班、机场热度和车站热度四大板块。百度迁徙动态图包含春运期间全国人口流动的情况与排行、实时航班的详细信息，以及全国火车站、机场的分布和热度排行，通过百度迁徙动态图能直观地确定迁入人口的来源和迁出人口的去向。2015 年，“百度迁徙”一个新的亮点就是加入了“百度天眼”功能，这是百度开发的一款基于百度地图的航班实时信息查询产品，通过百度天眼，可以看到全国范围内的飞机实时动态和位置，点击要查询的航班图标，还可以查看航班的具体信息，包括起降时间、飞机型号和机龄等。

2020 年 1 月，百度迁徙 3.0 新上线迁徙趋势图功能，升级的内容包括推出指定城市迁徙趋势图功能：依次选择某一城市的“迁出目的地”或“迁入来源地”后，即可查看该城市春运首日至昨日，该城市春运迁出、迁入人口的迁徙趋势，更加直观明了，如图 8-8 所示。

图 8-8 迁徙趋势图

8.3.2 百度指数

百度指数(https://index.baidu.com/v2/index.html#/)是以百度海量网民行为数据为基础的数据分析平台，是当前互联网乃至整个数据时代最重要的统计分析平台之一，自发布之日起便成为众多企业营销决策的重要依据。百度指数能够告诉用户，某个关键词在百度的搜索规模有多大，一段时间内的涨跌态势以及相关的新闻舆论变化，关注这些词的网民是什么样的，分布在哪里，同时还搜索了哪些相关的词，帮助用户优化数字营销活动方案。

百度指数的主要功能模块包括：基于单个词的趋势研究（包含整体趋势、PC趋势还有移动趋势）、需求图谱、舆情管家、人群画像；基于行业的整体趋势、地域分布、人群属性、搜索时间特征。

例如，通过百度指数对“新型冠状病毒”进行分析，得到如图8-9所示的分析结果，图中显示了近半年的每天网民对“新型冠状病毒”词语的搜索指数以及搜索指数需求图谱。

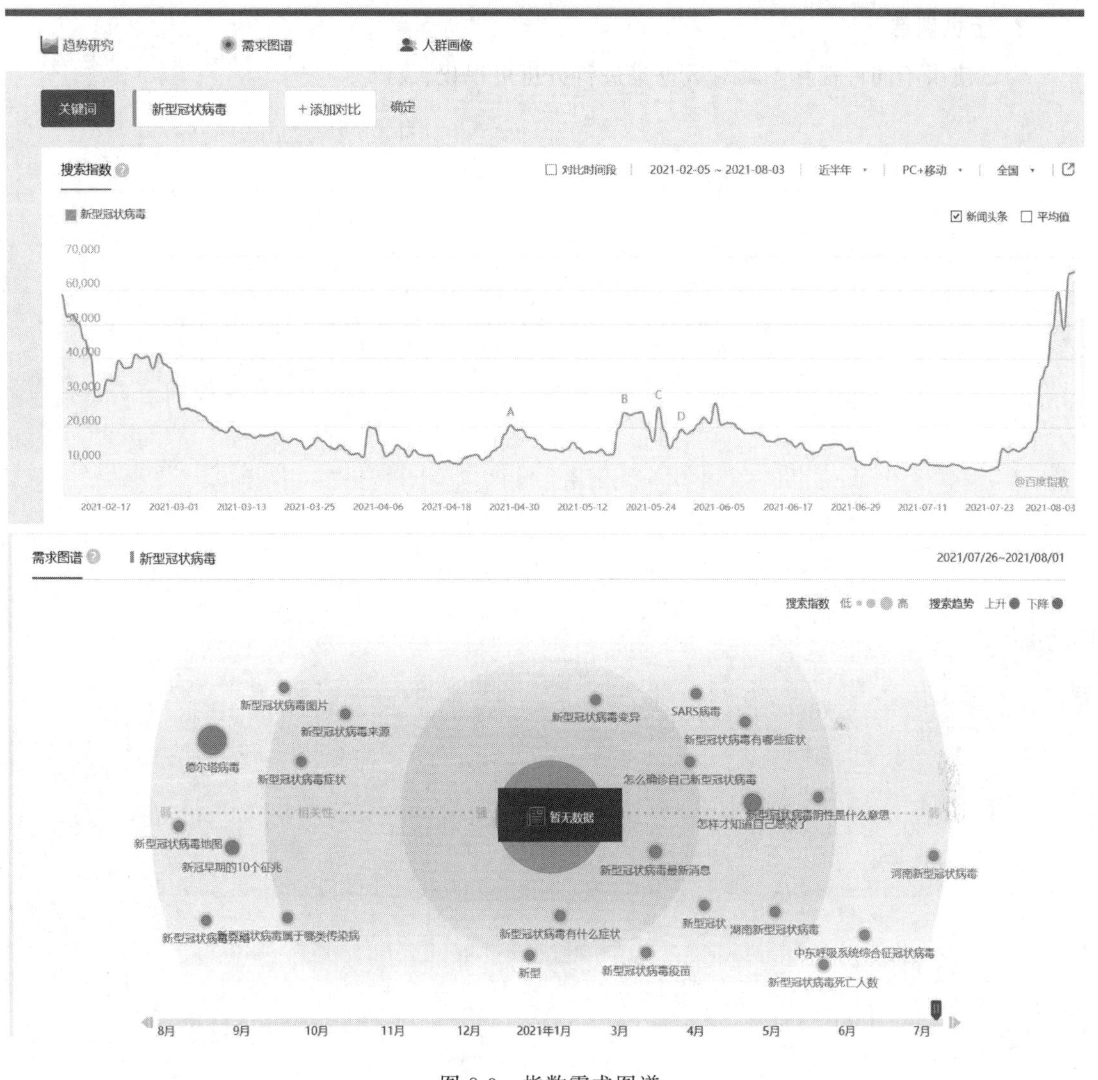

图8-9　指数需求图谱

小　结

本章介绍了数据可视化的相关知识，包括可视化的概述、数据可视化工具、可视化应用。

习　题

1. 问答题

(1) 试述数据可视化的概念。

(2) 试述可视化工具的类型以及代表性产品。

2. 上机训练

尝试使用不同可视化工具对数据集进行分析可视化。

第 9 章　大数据的应用

实验目的

- 掌握 Java 爬虫
- 使用 MapReduce 进行单词计数和二次排序
- 掌握 EChart 前端可视化框架

实验要求

通过爬取新闻网站信息，进行 MapReduce 数据分析，最终通过可视化展示 2020 年上半年热度较高的新闻关键词。

实验原理

- 通过 Jsoup 工具模拟发送 http 请求爬取新闻内容
- 通过 MapReduce 对新闻关键词进行词频统计，通过二次排序得到新闻关键字热度
- 使用 EChart 框架展示分析可视化结果

9.1　数据爬取

① 创建爬虫项目，单击“File→New→Project”，新建项目（如图 9-1 所示）。

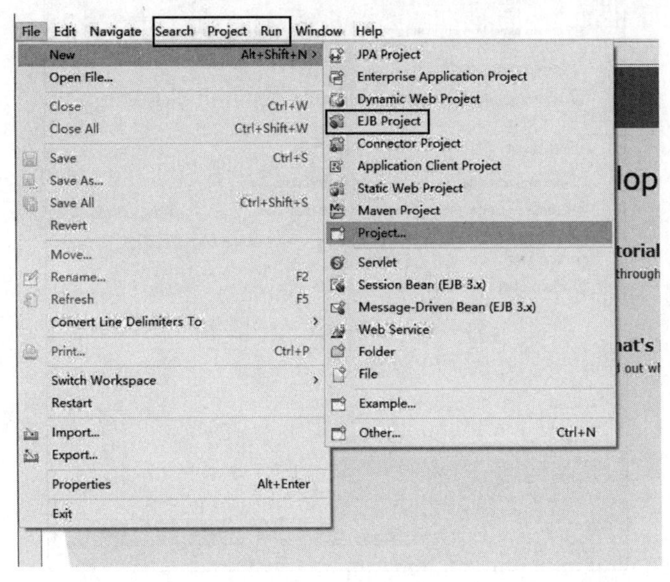

图 9-1　新建项目

② 选择“Java Project”，单击“Next”按钮（如图 9-2 所示）。

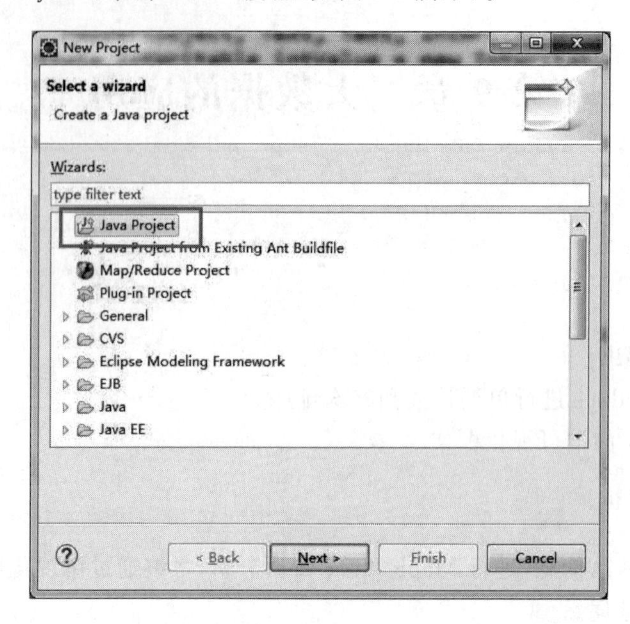

图 9-2 项目类型

将其命名为“sinanews”，单击“Finish”按钮（如图 9-3 所示）。

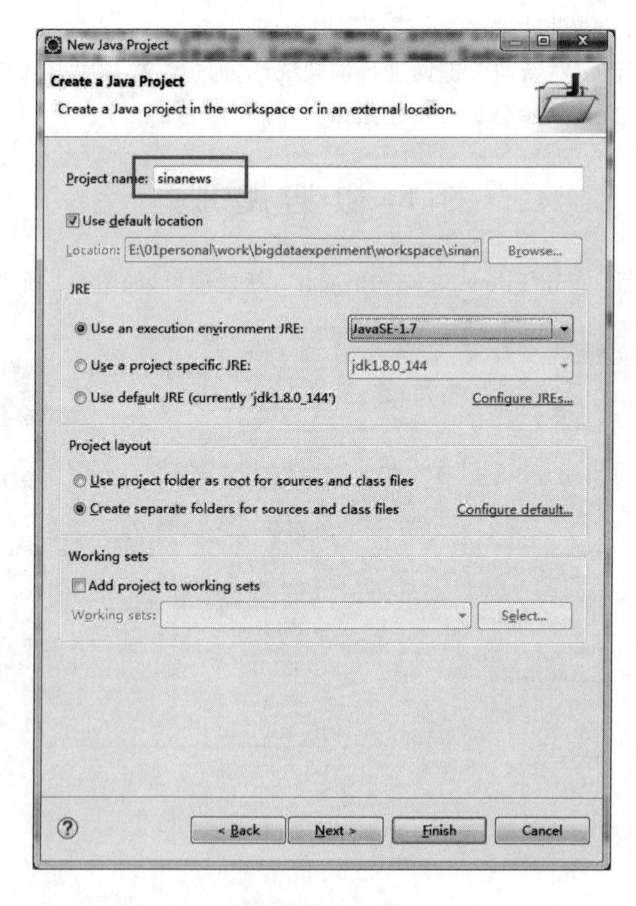

图 9-3 项目名称

③ 右击创建好的项目，单击“Properties”（如图 9-4 所示），选择“Java Build Path”，单击“Add External JARs”（如图 9-5 所示）。

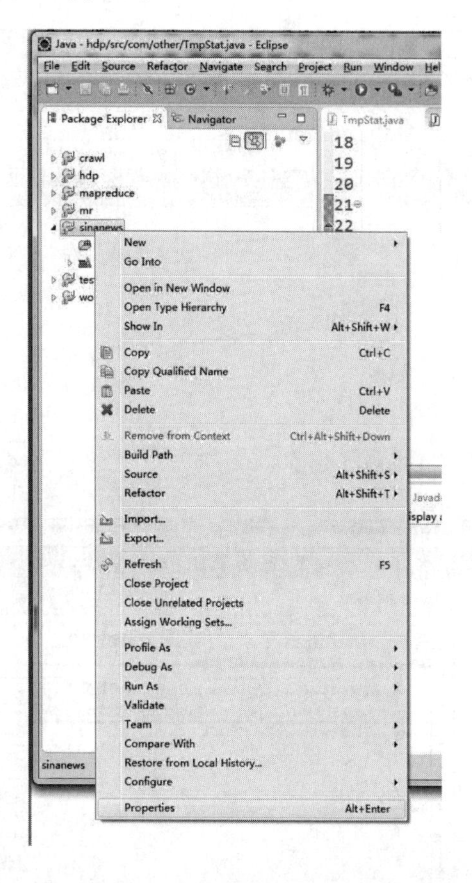

图 9-4　导入 JAR 包(1)

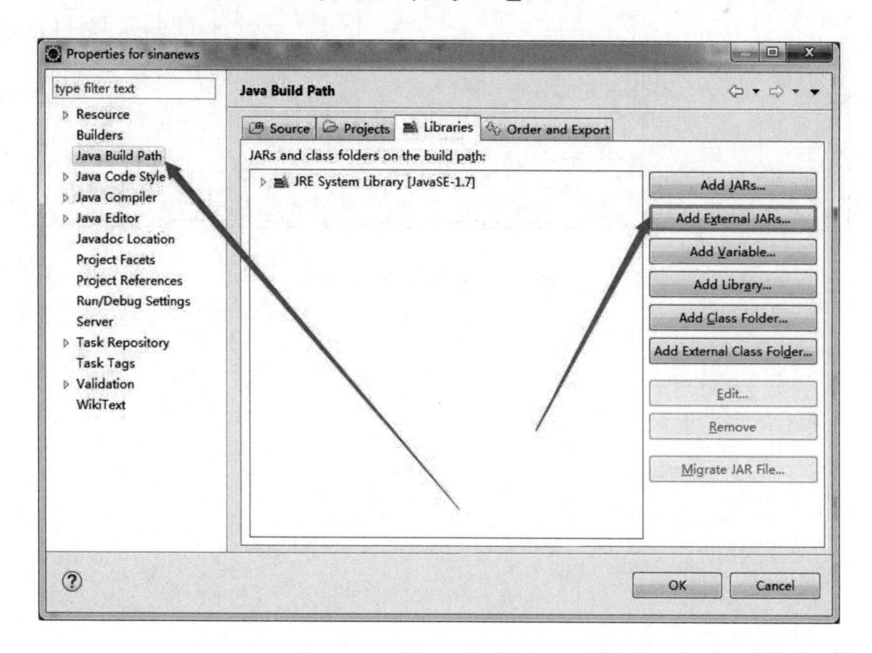

图 9-5　导入 JAR 包(2)

选中对应 JAR 包，单击打开，在“Libraries”中显示导入 JAR 包，然后单击“OK”按钮（如图 9-6 所示）。

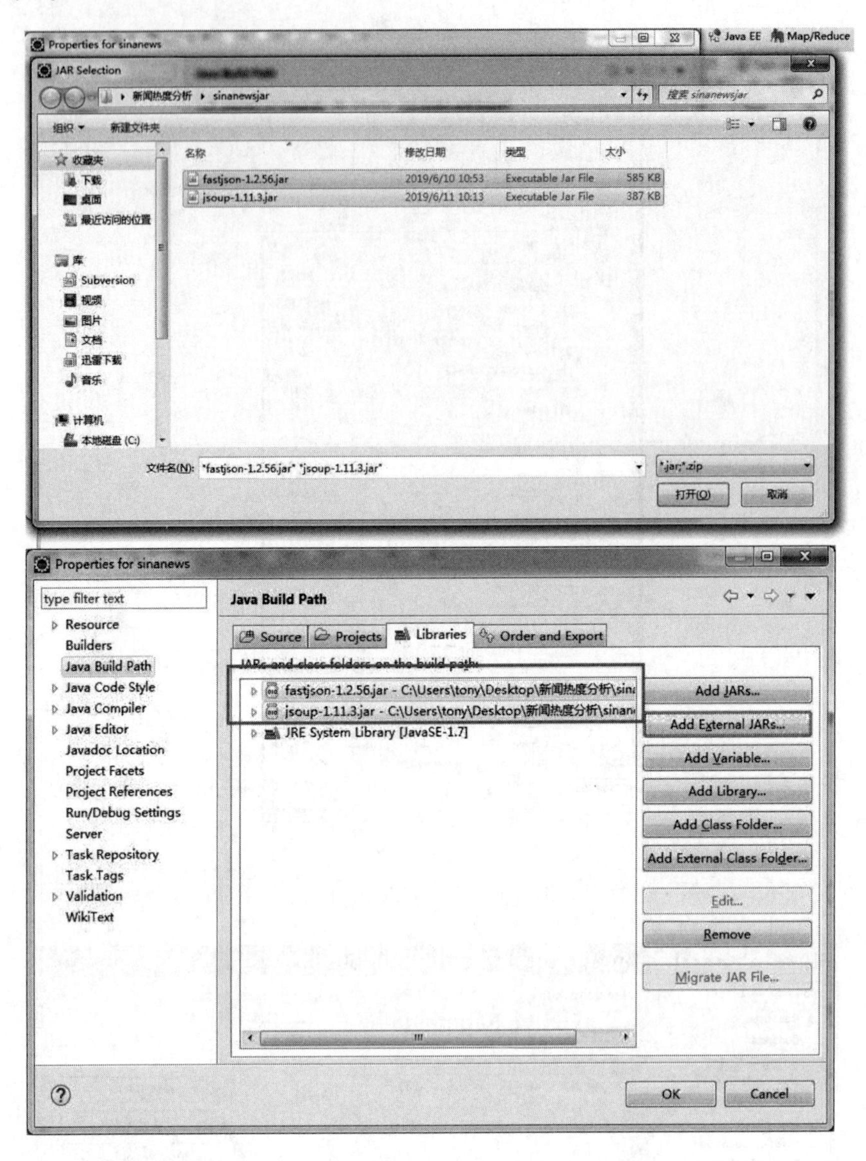

图 9-6　导入 JAR 包(3)

④ 新建包，包名为“scrapy”，单击“Finish”按钮(如图 9-7 所示)。

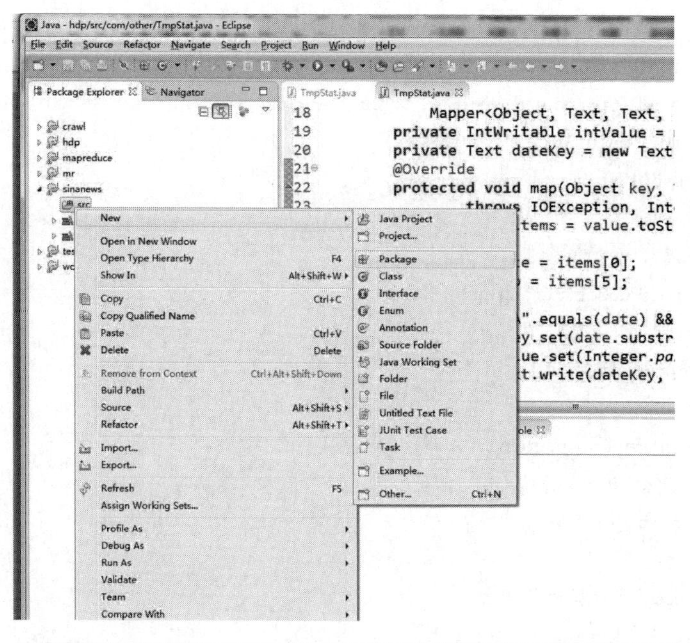

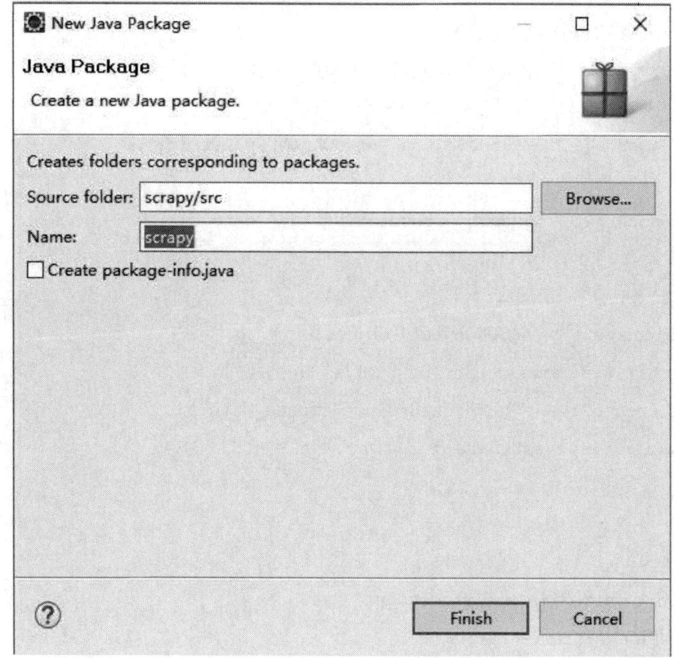

图 9-7　新建包

⑤ 编写爬虫代码，根据计算机设置 filepath 变量为爬取数据存放的地址。代码如下。

```
    public class News {
    public static final String filePath = "E:\\hadoop\\news.txt";
    public static final String url_prefix = "http://top.news.sina.com.cn/ws/GetTopDataList.php?
top_type=day&top_cat=www_www_all_suda_suda&top_time=";
```

```
    public static final String url_suffix = "&top_show_num = 100&top_order = DESC&js_var = all_1_
data01";
    public static final String start_date = "2020-01-01";
    public static final String end_date = "2020-06-30";
    public static void main(String[] args) {
        DateIncrease();
    }
    /** @param url 爬取网页的 url */
    public static void doGet(String url) {
        //访问 url,获取内容
        Document document = null;
        try {
            document = Jsoup.connect(url).get();
        } catch (IOException e) {
            e.printStackTrace();
        }
        //筛选出 body 元素里面的数据
        String body = document.select("body").html();
        //将数据头尾多域字符删除
        String substring = body.substring(19, body.length() - 1);
        //格式化为 json 格式
        JSONObject jsonObject = JSONObject.parseObject(substring);
        //获取所有新闻数组
        JSONArray jsonArray = jsonObject.getJSONArray("data");
        //循环遍历新闻,将信息写入文件
        for (Object object : jsonArray) {
            JSONObject news = (JSONObject) object;
            String title = news.getString("title");
            String createDate = news.getString("create_date");
            News.writeFile(createDate + "\t" + title + "\n");
        }
    }
    /*** 写入文件 */
    public static void writeFile(String content) {
        FileWriter fileWritter = null;
        try{
            File file = new File(filePath);
            if(!file.exists()){
                file.createNewFile();
            }
            //使用 true,即进行 append file
            fileWritter = new FileWriter(file,true);
            fileWritter.write(content);
```

```
        }catch(IOException e){
            e.printStackTrace();
        }finally {
            try {
                fileWritter.close();
            } catch (IOException e) {
                e.printStackTrace();
            }
        }
    }
    public static void DateIncrease() {
        SimpleDateFormat sdf = new SimpleDateFormat("yyyy-MM-dd");
        try{
            //起始日期
            Date startDate = sdf.parse(start_date);
            //结束日期
            Date endDate = sdf.parse(end_date);
            Date tempDate = startDate;
            Calendar calendar = Calendar.getInstance();
            calendar.setTime(startDate);
            //循环递增日期
            while (tempDate.getTime() < endDate.getTime()) {
                tempDate = calendar.getTime();
                String date = sdf.format(tempDate);
                date = date.replace("-", "");
                String url = url_prefix + date + url_suffix;
                System.out.println("doGet:" + url);
                News.doGet(url);
                //天数 +1
                calendar.add(Calendar.DAY_OF_MONTH, 1);
            }
        }catch(Exception e){
            e.printStackTrace();
        }
    }
}
```

⑥ 右击 Java 文件运行，选择“Run As→Java Application”（如图 9-8 所示）。

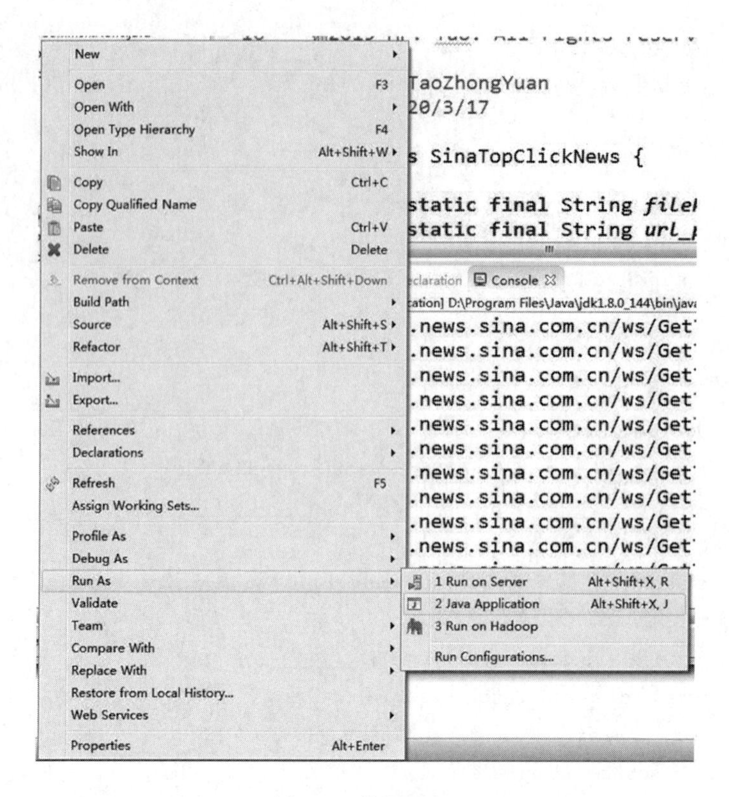

图 9-8　代码运行

⑦ 运行结果如下，并打开 news. txt 文件（如图 9-9 所示）。

```
doGet:http://top.news.sina.com.cn/ws/GetTopDataList.php?top_type=day&top_cat=www_www_all_suda_suda&top_time=20200621&top_s
doGet:http://top.news.sina.com.cn/ws/GetTopDataList.php?top_type=day&top_cat=www_www_all_suda_suda&top_time=20200622&top_s
doGet:http://top.news.sina.com.cn/ws/GetTopDataList.php?top_type=day&top_cat=www_www_all_suda_suda&top_time=20200623&top_s
doGet:http://top.news.sina.com.cn/ws/GetTopDataList.php?top_type=day&top_cat=www_www_all_suda_suda&top_time=20200624&top_s
doGet:http://top.news.sina.com.cn/ws/GetTopDataList.php?top_type=day&top_cat=www_www_all_suda_suda&top_time=20200625&top_s
doGet:http://top.news.sina.com.cn/ws/GetTopDataList.php?top_type=day&top_cat=www_www_all_suda_suda&top_time=20200626&top_s
doGet:http://top.news.sina.com.cn/ws/GetTopDataList.php?top_type=day&top_cat=www_www_all_suda_suda&top_time=20200627&top_s
doGet:http://top.news.sina.com.cn/ws/GetTopDataList.php?top_type=day&top_cat=www_www_all_suda_suda&top_time=20200628&top_s
doGet:http://top.news.sina.com.cn/ws/GetTopDataList.php?top_type=day&top_cat=www_www_all_suda_suda&top_time=20200629&top_s
doGet:http://top.news.sina.com.cn/ws/GetTopDataList.php?top_type=day&top_cat=www_www_all_suda_suda&top_time=20200630&top_s
```

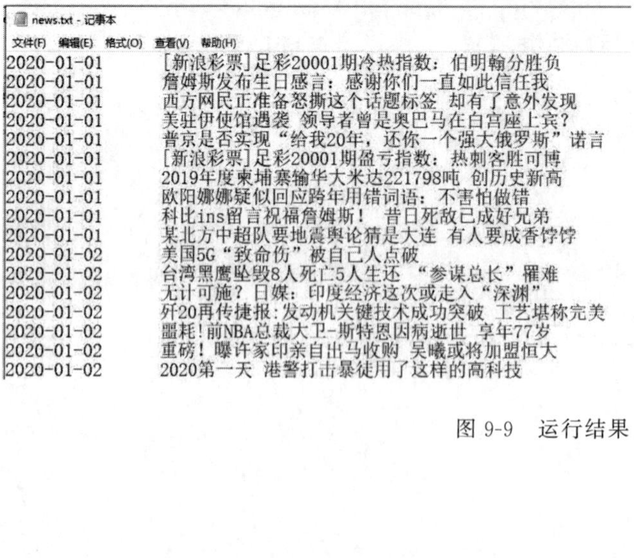

news.txt - 记事本

文件(F)　编辑(E)　格式(O)　查看(V)　帮助(H)

```
2020-01-01	[新浪彩票]足彩20001期冷热指数：伯明翰分胜负
2020-01-01	詹姆斯发布生日感言：感谢你们一直如此信任我
2020-01-01	西方网民正准备怒撕这个话题标签 却有了意外发现
2020-01-01	美驻伊使馆遇袭 领导者曾是奥巴马在白宫座上宾?
2020-01-01	普京是否实现“给我20年，还你一个强大俄罗斯”诺言
2020-01-01	[新浪彩票]足彩20001期盈亏指数：热刺客胜可博
2020-01-01	2019年度柬埔寨输华大米达221798吨 创历史新高
2020-01-01	欧阳娜娜疑似回应跨年用错词语：不害怕做错
2020-01-01	科比ins留言祝福詹姆斯！ 昔日死敌已成好兄弟
2020-01-01	某北方中超队要地震舆论猜是大连 有人要成香饽饽
2020-01-02	美国5G“致命伤”被自己人点破
2020-01-02	台湾黑鹰坠毁8人死亡5人生还 “参谋总长”罹难
2020-01-02	无计可施? 日媒：印度经济这次或走入“深渊”
2020-01-02	歼20再传捷报:发动机关键技术成功突破 工艺堪称完美
2020-01-02	噩耗!前NBA总裁大卫-斯特恩因病逝世 享年77岁
2020-01-02	重磅！曝许家印亲自出马收购 吴曦或将加盟恒大
2020-01-02	2020第一天 港警打击暴徒用了这样的高科技
```

图 9-9　运行结果

9.2 词频统计

① 创建 Java Project 项目，项目名称为“wordcout”，右击项目名称，添加一个 Folder，Folder 名称为“lib”，单击“Finish”按钮（如图 9-10 和图 9-11 所示）。

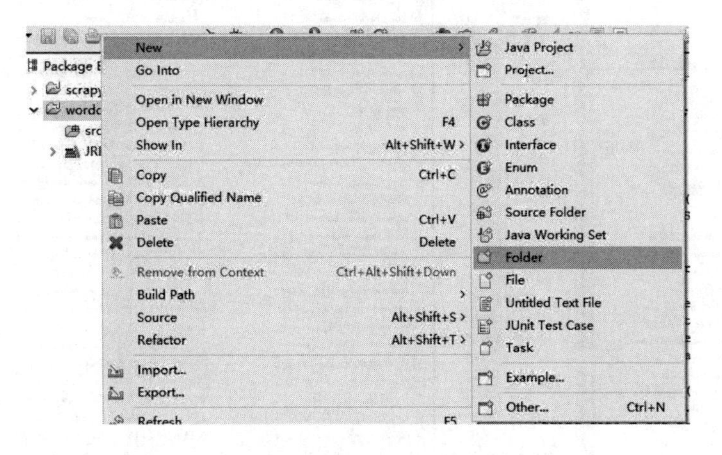

图 9-10 新建文件夹(1)

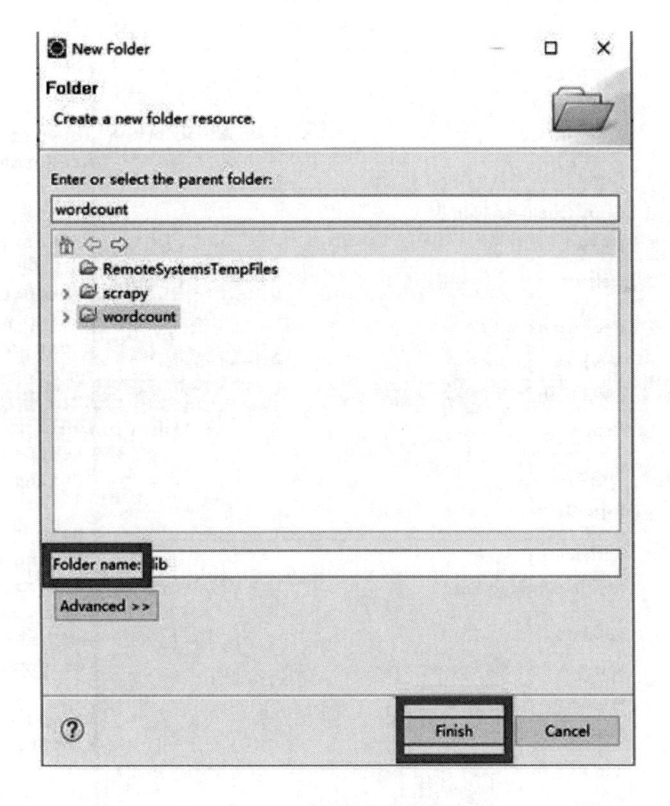

图 9-11 新建文件夹(2)

② 将 hadoopjar 文件夹内的 JAR 包全部拷贝至 lib 目录内，全选 lib 目录内的 JAR 包，右击选择“Build Path→Add to Build Path”（如图 9-12 所示）。

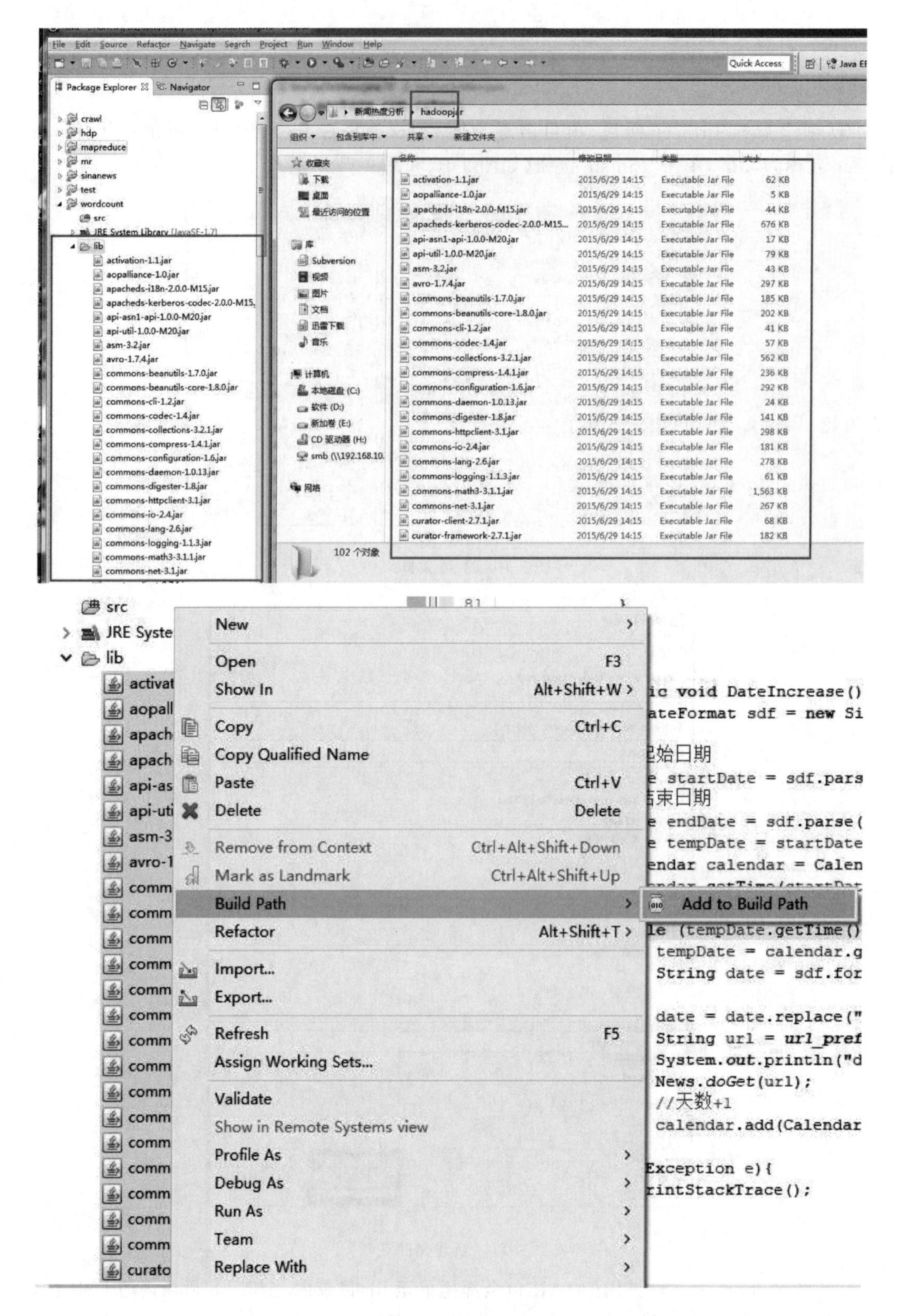
File Edit Source Refactor Navigate Search Project Run Window Help
Quick Access
Package Explorer
Navigator
crawl
hdp
mapreduce
mr
sinanews
test
wordcount
src
JRE System Library [JavaSE-1.7]
lib
新闻热度分析
hadoopjar
组织
包含到库中
共享
新建文件夹
activation-1.1.jar
aopalliance-1.0.jar
apacheds-i18n-2.0.0-M15.jar
apacheds-kerberos-codec-2.0.0-M15.jar
api-asn1-api-1.0.0-M20.jar
api-util-1.0.0-M20.jar
asm-3.2.jar
avro-1.7.4.jar
commons-beanutils-1.7.0.jar
commons-beanutils-core-1.8.0.jar
commons-cli-1.2.jar
commons-codec-1.4.jar
commons-collections-3.2.1.jar
commons-compress-1.4.1.jar
commons-configuration-1.6.jar
commons-daemon-1.0.13.jar
commons-digester-1.8.jar
commons-httpclient-3.1.jar
commons-io-2.4.jar
commons-lang-2.6.jar
commons-logging-1.1.3.jar
commons-math3-3.1.1.jar
commons-net-3.1.jar
curator-client-2.7.1.jar
curator-framework-2.7.1.jar
102 个对象
New
Open F3
Show In Alt+Shift+W
Copy Ctrl+C
Copy Qualified Name
Paste Ctrl+V
Delete Delete
Remove from Context Ctrl+Alt+Shift+Down
Mark as Landmark Ctrl+Alt+Shift+Up
Build Path
Add to Build Path
Refactor Alt+Shift+T
Import...
Export...
Refresh F5
Assign Working Sets...
Validate
Show in Remote Systems view
Profile As
Debug As
Run As
Team
Replace With

图 9-12　导入 lib 包

③ 新建 count 包,在 count 包中新建 WordCount.java 项目,将爬取的文件上传到服务器 HDFS,编写词频统计代码。代码如下。

```
    public classwordcount {
        public static class TokenizerMapper extends Mapper < Object, Text, Text, IntWritable > {
            private final static IntWritable one = new IntWritable(1);
            private Text word = new Text();
            //map 方法,划分一行文本,读一个单词写出一个<单词,1>
              public void map ( Object key, Text value, Context context ) throws IOException,
InterruptedException {
            //全部转为小写字母
    String line = value.toString().toLowerCase();
            line = line.substring(11, line.length());
                InputStream is = new ByteArrayInputStream(line.getBytes("UTF-8"));
                IKSegmenter seg = new IKSegmenter(new InputStreamReader(is), true);
                Lexeme lex = seg.next();
                while (lex != null) {
                    String text = lex.getLexemeText();
                if (text.length() == 1) {
                        lex = seg.next();
                        continue;
                    }
                    word.set(text);
                    context.write(word, one);
                    lex = seg.next();
                }
            }
        }
        //定义 reduce 类,对相同的单词,把它们中的 VList 值全部相加
        public static class IntSumReducer extends Reducer < Text, IntWritable, Text, IntWritable > {
            private IntWritable result = new IntWritable();
            public void reduce(Text key, Iterable < IntWritable > values,Context context)
                    throws IOException, InterruptedException {
                int sum = 0;
                for (IntWritable val : values) {
                    //相当于< Hello,1 > < Hello,1 >,将两个 1 相加
                    sum += val.get();
                }
                result.set(sum);
                context.write(key, result);
                //写出这个单词,和这个单词出现次数<单词,单词出现次数>
            }
        }
```

```
    public static void main(String[] args) throws Exception {
//主方法,函数入口
        Configuration conf = new Configuration();
//实例化配置文件类
        Job job = new Job(conf, "WordCount");
//实例化 Job 类
        job.setInputFormatClass(TextInputFormat.class);
//指定使用默认输入格式类
        TextInputFormat.setInputPaths(job, args[0]);
//设置待处理文件的位置
        job.setJarByClass(WordCount.class);
//设置主类名
        job.setMapperClass(TokenizerMapper.class);
//指定使用上述自定义 Map 类
        job.setCombinerClass(IntSumReducer.class);
//指定开启 Combiner 函数
        job.setMapOutputKeyClass(Text.class);
//指定 Map 类输出的,K 类型
        job.setMapOutputValueClass(IntWritable.class);
//指定 Map 类输出的,V 类型
        job.setPartitionerClass(HashPartitioner.class);
//指定使用默认的 HashPartitioner 类
        job.setReducerClass(IntSumReducer.class);
//指定使用上述自定义 Reduce 类
        job.setNumReduceTasks(Integer.parseInt(args[2]));
//指定 Reduce 个数
        job.setOutputKeyClass(Text.class);
//指定 Reduce 类输出的,K 类型
        job.setOutputValueClass(Text.class);
//指定 Reduce 类输出的,V 类型
        job.setOutputFormatClass(TextOutputFormat.class);
//指定使用默认输出格式类
        TextOutputFormat.setOutputPath(job, new Path(args[1]));
//设置输出结果文件位置
        System.exit(job.waitForCompletion(true) ? 0 : 1);
//提交任务并监控任务状态
    }
}
```

④ 右击项目“Export”,导出 JAR file,单击“Next”按钮;设置导出的目录和文件名,单击“Finish”按钮(如图 9-13 和图 9-14 所示)。

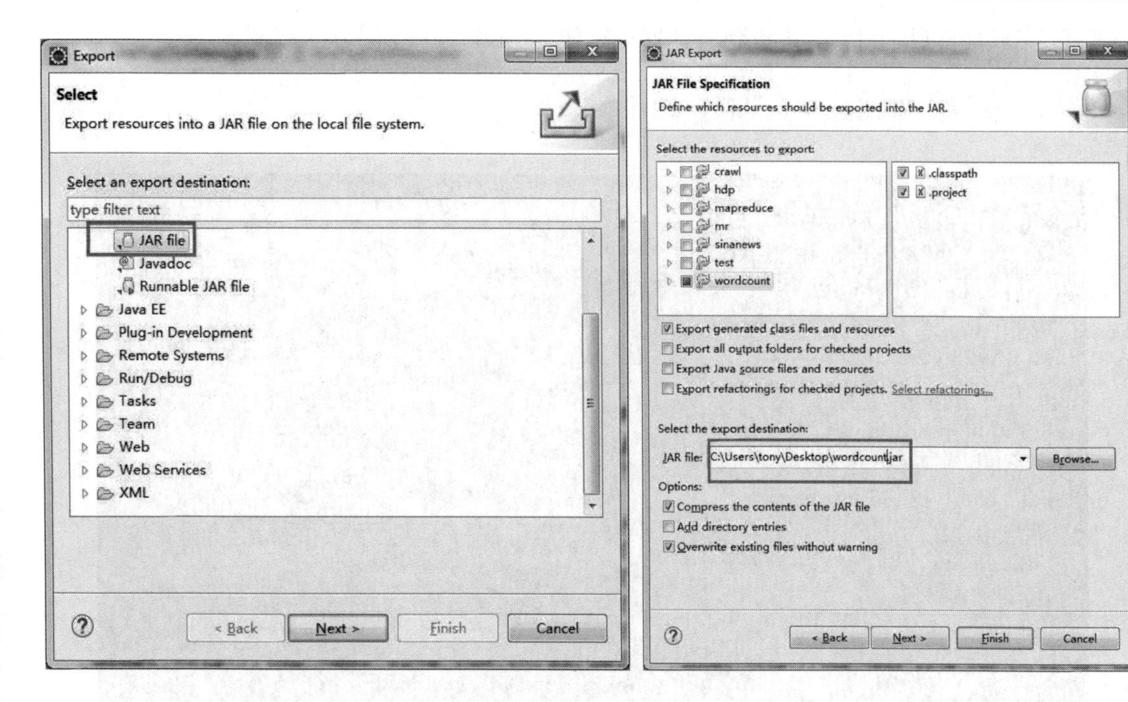

图 9-13　代码导出为 JAR 包(1)

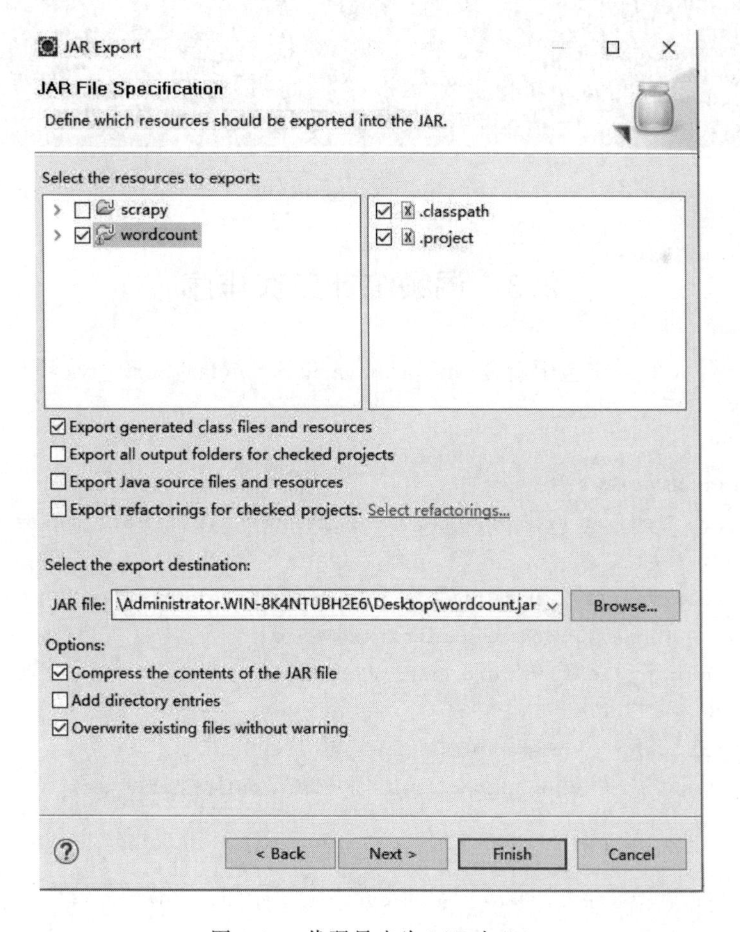

图 9-14　代码导出为 JAR 包(2)

⑤ 完成导出后,上传 JAR 包到服务器运行即可(如图 9-15 所示),运行代码如下。

```
hadoop jar wordcount.jar wordcount /input /output 1
```

```
20/07/14 16:30:13 INFO mapreduce.Job:  map 0% reduce 0%
20/07/14 16:30:18 INFO mapred.LocalJobRunner: map > map
20/07/14 16:30:19 INFO mapreduce.Job:  map 10% reduce 0%
20/07/14 16:30:21 INFO mapred.LocalJobRunner: map > map
20/07/14 16:30:22 INFO mapreduce.Job:  map 19% reduce 0%
20/07/14 16:30:24 INFO mapred.LocalJobRunner: map > map
20/07/14 16:30:25 INFO mapreduce.Job:  map 27% reduce 0%
20/07/14 16:30:28 INFO mapred.LocalJobRunner: map > map
20/07/14 16:30:28 INFO mapreduce.Job:  map 37% reduce 0%
20/07/14 16:30:31 INFO mapred.LocalJobRunner: map > map
20/07/14 16:30:31 INFO mapreduce.Job:  map 47% reduce 0%
20/07/14 16:30:34 INFO mapred.LocalJobRunner: map > map
20/07/14 16:30:35 INFO mapreduce.Job:  map 58% reduce 0%
20/07/14 16:30:36 INFO mapred.LocalJobRunner: map > map
20/07/14 16:30:36 INFO mapred.MapTask: Starting flush of map output
20/07/14 16:30:36 INFO mapred.MapTask: Spilling map output
20/07/14 16:30:36 INFO mapred.MapTask: bufstart = 0; bufend = 50132; bufvoid = 104857600
20/07/14 16:30:36 INFO mapred.MapTask: kvstart = 26214396(104857584); kvend = 26188660(104754
640); length = 25737/6553600
20/07/14 16:30:37 INFO mapred.LocalJobRunner: map > sort
20/07/14 16:30:37 INFO mapred.MapTask: Finished spill 0
20/07/14 16:30:37 INFO mapred.Task: Task:attempt_local1536835888_0001_m_000000_0 is done. And
 is in the process of committing
20/07/14 16:30:37 INFO mapred.LocalJobRunner: map
20/07/14 16:30:37 INFO mapred.Task: Task 'attempt_local1536835888_0001_m_000000_0' done.
20/07/14 16:30:37 INFO mapred.LocalJobRunner: Finishing task: attempt_local1536835888_0001_m_
000000_0
20/07/14 16:30:37 INFO mapred.LocalJobRunner: map task executor complete.
20/07/14 16:30:37 INFO mapred.LocalJobRunner: Waiting for reduce tasks
20/07/14 16:30:37 INFO mapred.LocalJobRunner: Starting task: attempt_local1536835888_0001_r_0
00000_0
```

图 9-15 词频统计结果

9.3 词频统计二次排序

① 新建 sort 包,在 sort 包中新建 IntPair.java 和 SecondarySort.java 项目,编写二次排序代码。代码如下。

```
public class SecondarySort {
    static class TheMapper extends Mapper<LongWritable, Text, IntPair, NullWritable> {
        @Override
        protected void map(LongWritable key, Text value, Context context)
                throws IOException, InterruptedException {
            String[] fields = value.toString().split("\t");
            String field1 = fields[0];
            int field2 = Integer.parseInt(fields[1]);
            context.write(new IntPair(field1,field2), NullWritable.get());
        }
    }
    static class TheReducer extends Reducer<IntPair, NullWritable,IntPair, NullWritable> {
```

```
        @Override
        protected void reduce(IntPair key, Iterable<NullWritable> values, Context context)
                throws IOException, InterruptedException {
            context.write(key, NullWritable.get());
        }
    }
    public static class FirstPartitioner extends Partitioner<IntPair, NullWritable> {
        public int getPartition(IntPair key, NullWritable value,
                int numPartitions) {
            return Math.abs(key.getSecond().get()) % numPartitions;
        }
    }
    //如果不添加这个类,默认第一列和第二列都是升序排序的。
    //这个类的作用是使第一列升序排序,第二列降序排序
    public static class KeyComparator extends WritableComparator {
        //无参构造器必须加上,否则报错。
        protected KeyComparator() {
            super(IntPair.class, true);
        }
        public int compare(WritableComparable a, WritableComparable b) {
            IntPair ip1 = (IntPair) a;
            IntPair ip2 = (IntPair) b;
            //第 2 列按降序排序
            int cmp = ip2.getSecond().compareTo(ip1.getSecond());
            if (cmp != 0) {
                return cmp;
            }
            //在第 2 列相等的情况下,第 1 列按倒序排序
            return -ip1.getFirst().compareTo(ip2.getFirst());
        }
    }
    //入口程序
    public static void main(String[] args) throws Exception {
        Configuration conf = new Configuration();
        Job job = Job.getInstance(conf);
        job.setJarByClass(SecondarySort.class);
        //设置 Mapper 的相关属性
        job.setMapperClass(TheMapper.class);
        //当 Mapper 中的输出的 key 和 value 的类型和 Reduce 输出
        //的 key 和 value 的类型相同时,以下两句可以省略。
        //job.setMapOutputKeyClass(IntPair.class);
        //job.setMapOutputValueClass(NullWritable.class);
        FileInputFormat.setInputPaths(job, new Path(args[0]));
```

```
            //设置分区的相关属性
            //job.setPartitionerClass(FirstPartitioner.class);
            //在 map 中对 key 进行排序
            job.setSortComparatorClass(KeyComparator.class);
            //设置 Reducer 的相关属性
            job.setReducerClass(TheReducer.class);
            job.setOutputKeyClass(IntPair.class);
            job.setOutputValueClass(NullWritable.class);
            FileOutputFormat.setOutputPath(job, new Path(args[1]));
            //设置 Reducer 数量
            int reduceNum = 1;
            if(args.length >= 3 && args[2] != null){
                reduceNum = Integer.parseInt(args[2]);
            }
            job.setNumReduceTasks(reduceNum);
            job.waitForCompletion(true);
        }
    }
```

② 将程序导出为 JAR 文件，上传到服务器，运行 JAR 包。

9.4 可视化结果

编写可视化程序，运行程序，访问服务器监听 8080 端口，在浏览器中访问 localhost:8080/analysis/bar，数据可视化结果如图 9-16 所示。

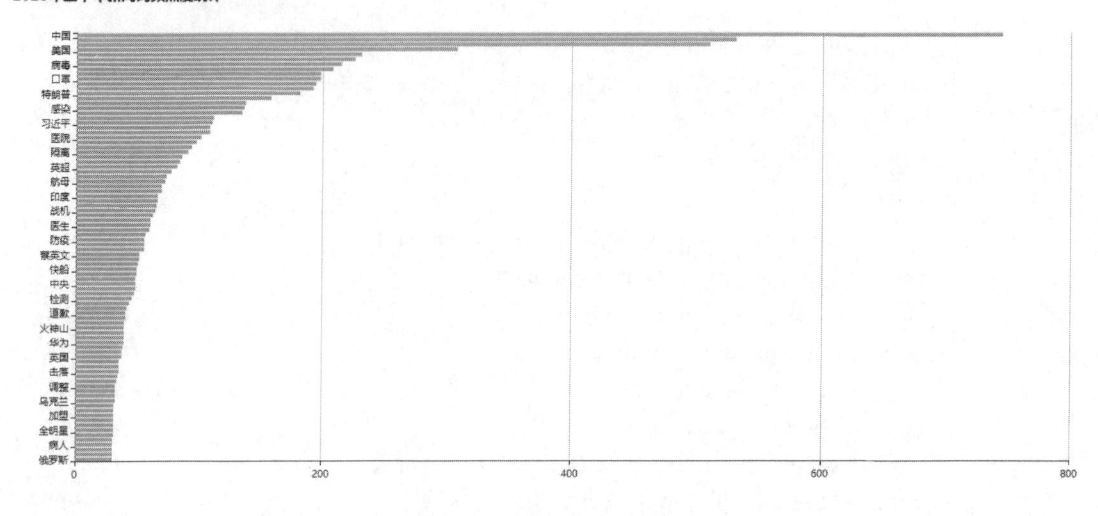

图 9-16　数据可视化结果

参 考 文 献

[1] 林子雨.大数据技术原理与应用[M].2版.北京:人民邮电出版社,2017.

[2] 张伟洋.Hadoop大数据技术开发实战[M].北京:清华大学出版社,2019.

[3] Tom White. Hadoop权威指南[M].王海,华东,刘喻,等译.北京:清华大学出版社,2018.

[4] 李智慧.大数据技术架构:核心原理与应用实践[M].北京:电子工业出版社,2021.

[5] 杨俊.实战大数据(Hadoop+Spark+Flink)[M].北京:机械工业出版社,2021.

[6] 董西成.大数据技术体系详解:原理、架构与实践[M].北京:机械工业出版社,2018.

[7] 陈为.数据可视化[M].2版.北京:电子工业出版社,2019.

[8] 吴明晖,周苏.大数据分析[M].北京:清华大学出版社,2020.

[9] 耿立超.大数据平台架构与原型实现[M].北京:电子工业出版社,2020.

[10] 董轶群.Spark大数据分析技术与实战[M].北京:电子工业出版社,2017.

[11] 李攀,刘庆杰,周兆军,等.大数据技术的震后救援信息处理平台研制与应用[J].科学技术与工程, 2021, 21(15):11.

[12] 吴悦文,吴恒,任杰,等.面向大数据分析作业的启发式云资源供给方法[J].软件学报, 2020, 31(6):15.

[13] 周永章,焦守涛,刘艳鹏,等.地质大数据分析的若干工具与应用[J].大地构造与成矿学, 2020, 44(2):10.

[14] 刘凯铭, 王洪亮, 石兵波,等.基于Hadoop的油气水井生产大数据分析与应用[J].科学技术与工程, 2020, 516(11):279-286.

[15] 王梓茜,武凤文,程宸,等.城市规划领域气象大数据分析技术研究[J].城市发展研究, 2020, 232(11):146-151.

[16] 杨静远, 廖志坚.地质大数据应用与地质信息化发展的思考[J].世界有色金属, 2018, 498(06):284-285.

[17] 李可.大数据应用的现状与展望[J].科学中国人, 2017(21).

[18] 张伦裕.医疗检测大数据分析及其可视化[D].北京:北京邮电大学,2020.

[19] 祁家祯.基于大数据的用户分析系统的设计与实现[D].北京:北京交通大学,2020.

[20] 陈权超.基于大数据的高速铁路客流分析[D].成都:西南交通大学,2020.

参考文献